대수적 정수론 입문

대수적 정수론 입문

초판 1쇄 발행 2025년 2월 28일

지은이 변동호

펴낸곳 서울대학교출판문화원
주소 08826 서울 관악구 관악로 1
도서주문 02-889-4424, 02-880-7995
홈페이지 www.snupress.com
페이스북 @snupress1947
인스타그램 @snupress
이메일 snubook@snu.ac.kr
출판등록 제15-3호

ISBN 978-89-521-3939-9 93410

대수적 정수론 입문

변동호 지음

ALGEBRAIC NUMBER THEORY

P

2P

서울대학교출판문화원

머리말

이 책은 대수적 정수론 입문서로, 수체와 타원곡선의 산수를 다룬다. 서울대학교 수리과학부 대학원 과정에서 대수적 정수론은 격년으로 한 학기 강좌로 개설되며, 저자가 강의할 때는 이번에 수체의 산수를 다루면 다음번은 타원곡선의 산수를 다루는 방식으로 진행하였다. 그런데 그렇게 강의할 때마다 수체는 대수적 정수론의 가장 기본이 되는 주제이고 타원곡선은 현재 가장 관심을 받는 주제 중 하나이기에, 이 두 주제를 따로 다루는 것이 항상 아쉽다는 생각이 들었다. 따라서 두 주제를 한 학기에 함께 강의할 수 있도록 교재를 만들고 싶었다.

3세기경에 디오판토스는 알렉산드리아에서 방정식의 유리수 해를 연구했으며, 이 중에는 타원곡선과 관련된 내용도 포함되어 있었다. 디오판토스는 자신의 연구 결과를 『산학』이라는 책으로 정리하여 출판하였다. 『산학』은 천여 년 동안 사라졌다가 16세기경에 일부가 다시 발견되었다. 17세기에 프랑스의 법률가이자 수학자인 페르마는 『산학』을 읽고 유명한 페르마의 마지막 정리를 그 책의 여백에 적어 놓았다. 이후 19세기에 독일 수학자들은 페르마의 마지막 정리를 증명하기 위해 수체의 산수를 연구했으며, 이들의 연구가 대수적 정수론의 기원이 되었다. 결국 20세기 말에 이르러 와일즈가 타원곡선 이론을 이용해 페르마의 마지막 정리를 증명하였다. 수체와 타원곡선의 산수를 같이 공부하는 데는 이러한 역사적 의미도 있다.

수체와 타원곡선의 산수를 같이 다룰 때의 좋은 점 중 하나는 대수적 정수론에서 다루는 대표적인 세 가지 유한성 정리, 즉 수체의 유군은 유한군임을 보이는 정리(4장 따름정리 4.3.5), 수체의 유닛은 유한생성군을 형성한다는 디리클레 유닛 정리(4장 정리 4.5.2), 그리고 타원곡선의 유리수 점이 유한생성군을 형성한다는 모델-베유 정리(10장 정리 10.4.1)를 일관되게 서술할 수 있다는 것이다. 그리고 대수학, 해석학, 기하학이 아름답게 연결되어 있는 수체의 유수 공식(6장 정리 6.2.1)과 타원곡선의 버치와 스위너턴-다이어 추측(12장)을 직접 비교하면서 공부할 수 있다는 것도 큰 장점이다. 그러나 수체와 타원곡선의 산수를 같이 다루면서, 따로 강의할 때는 다루었지만 생략해야 하는 부분이 생겼다. 예를 들어, 수체의 산수에서는 삼차 이상 고차 수체의 다양한 예들과 유체 이론 등을 다루지 못하게 되었고, 타원곡선의 산수에서도 다양한 타원곡선의 예들, 유한체, 그리고 복소수체 위에서의 타원곡선 이론 등을 자세히 다루지 못하였다. 이러한 부분에 흥미가 있는 독자는 참고문헌을 통해 추가로 학습할 수 있을 것이다.

선수과목: 이 책을 읽으려면 갈루아 이론을 포함한 학부 수준의 현대대수학과 선형대수학을 알아야 한다. 그리고 6장과 12장에서 L-함수를 정의하고 계산하는 데 학부 수준의 실해석학과 복소해석학이 필요하다.

2025년 2월

변동호

차례

제1부

수체

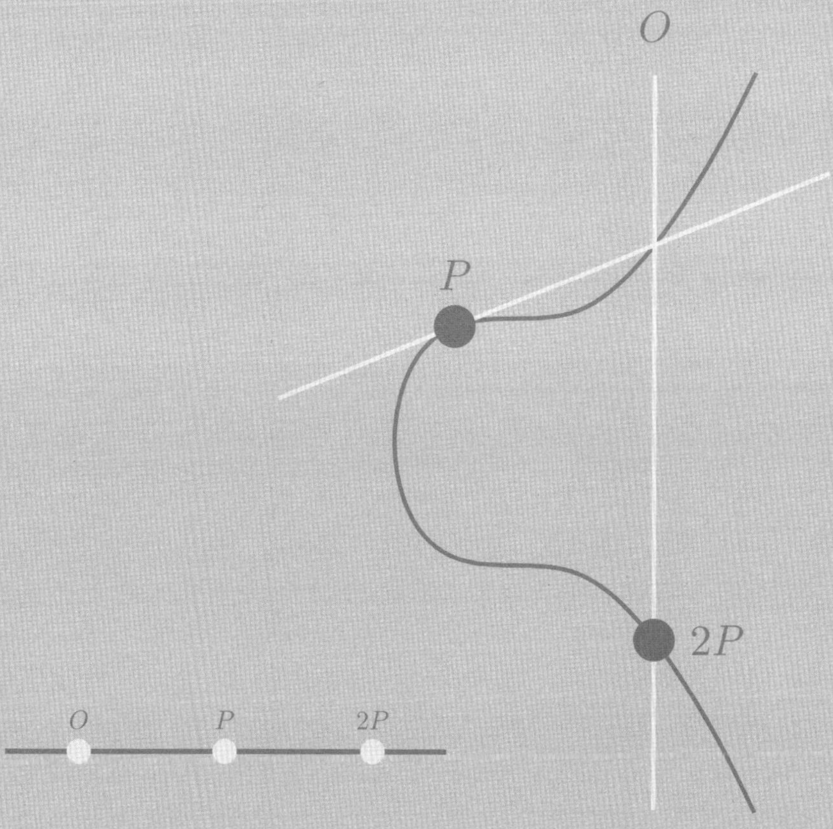

제 1 장

대수적 정수

최고차항의 계수가 1인 정수계수 다항식

$$f(X) = X^n + a_{n-1}X^{n-1} + \cdots + a_1 X + a_0 \ \ (a_i \in \mathbb{Z})$$

의 해를 **대수적 정수**(algebraic integer)라고 부른다. 예를 들어 $\sqrt{2}$, $\frac{-1\pm\sqrt{-3}}{2}$ 등은 대수적 정수이다. 유리수체 $\mathbb{Q}$의 유한 확대체 K를 **수체**(number field)라고 부른다. 이 장에서는 수체 K 안에 있는 대수적 정수들이 환(ring)을 형성함을 보인다.

제 1 절 모듈

이 책에서 다루는 모든 환은 곱셈항등원 1을 가지고 있는 가환환이다. 덧셈 아벨군(abelian group) M의 원소 x, y 그리고 환 R의 원소 a, b에 대하여 다음 성질을 만족시키는 함수

$$R \times M \to M, \quad (a, x) \mapsto ax$$

가 있을 때, M을 R-**모듈**(module)이라고 부른다.

(1) $a(x + y) = ax + ay$.

(2) $(a + b)x = ax + bx$.

(3) $a(bx) = (ab)x$.

(4) $1x = x$.

예를 들어 모든 덧셈 아벨군 M은 $\mathbb{Z}$-모듈이다. R이 환 S의 부분환이면 S는 R-모듈이다. R이 체 F이면 R-모듈은 F-벡터공간이다.

M과 N이 R-모듈일 때, 함수 $f : M \to N$이 M의 원소 x, y 그리고 R의 원소 a에 대하여

$$f(x+y) = f(x) + f(y), \quad f(ax) = af(x)$$

를 만족시킬 때 f를 **R-모듈 준동형사상**이라고 부르고 M과 N은 **R-모듈 준동형**이라고 한다. 이때 f가 전단사 함수이면 f를 **R-모듈 동형사상**이라고 부르고 M과 N은 **R-모듈 동형**이라고 한다.

R-모듈 M의 부분집합 X가 서로 다른 X의 원소 $x_1, \cdots, x_n$ 그리고 R의 원소 $a_1, \cdots, a_n$에 대하여

$$a_1x_1 + \cdots + a_nx_n = 0 \text{ 이면 } a_1 = \cdots a_n = 0$$

을 만족시키면 X는 **일차독립**이라고 부른다.

N이 R-모듈일 때, N의 부분군 M이 R-모듈이면 M을 N의 **부분모듈**이라고 부른다. X가 N의 부분집합일 때, X를 포함하는 N의 가장 작은 부분모듈을 **X로부터 생성된 N의 부분모듈**이라고 부르고 $\langle X \rangle$라 표시한다. R-모듈 N이 유한집합으로부터 생성될 때, N을 **유한생성모듈**이라고 부른다.

이제 다음 정리를 쉽게 얻는다. 증명은 생략한다.

정리 1.1.1. *M은 R-모듈, X는 M의 부분집합일 때, X로부터 생성되는 부분모듈 $\langle X \rangle$는 다음과 같다.*

$$\langle X \rangle = \{\sum_{i=1}^{n} a_ix_i \,|\, n \in \mathbb{N},\, a_i \in R,\, x_i \in X\}.$$

보기 1.1.2. 가우스 정수

$$\mathbb{Z}[i] = \{a + bi \,|\, a, b \in \mathbb{Z}\}$$

는 $\{1, i\}$로 생성되는 $\mathbb{Z}$-모듈이다.

정리 1.1.3. *R은 환 S의 부분환이고 S는 환 T의 부분환일 때, T가 유한생성 S-모듈이고 S가 유한생성 R-모듈이면 T는 유한생성 R-모듈이다.*

증명. S는 $\{x_1, \cdots, x_m\}$ $(x_i \in S)$로부터 생성되는 R-모듈이고 T는 $\{y_1, \cdots, y_n\}$ $(y_j \in T)$로부터 생성되는 S-모듈이라고 하면 T는

$$\{x_i y_j \,|\, 1 \leq i \leq m, 1 \leq j \leq n\}$$

으로부터 생성되는 R-모듈이다. □

제 2 절 환 위의 정수

R이 환 S의 부분환일 때, S의 원소 x가

$$x^n + a_{n-1}x^{n-1} + \cdots + a_1 s + a_0 = 0 \ \ (a_i \in R)$$

을 만족시키면, x를 R **위의 정수**라고 부른다. 또는 x가 R **위에서 정수적**이라고 한다. 예를 들어 대수적 정수는 $\mathbb{Z}$ 위의 정수이다.

정리 1.2.1. *R은 환 T의 부분환, x는 T의 원소일 때, 다음은 동치이다.*

(1) x는 R 위의 정수이다.

(2) $R[x]$는 유한생성 R-모듈이다.

(3) $R[x]$를 포함하고 유한생성 R-모듈인 부분환 $S \subseteq T$가 있다.

증명. (1) $\Rightarrow$ (2) $x \in T$가

$$x^n + a_{n-1}x^{n-1} + \cdots + a_1 x + a_0 = 0 \quad (a_i \in R)$$

을 만족시키면

$$x^n = -(a_{n-1}x^{n-1} + \cdots + a_1 x + a_0)$$

이므로 $x^n, x^{n+1}, x^{n+2}, \cdots$ 은 $X = \{1, x, \cdots, x^{n-1}\}$로부터 생성되는 R-모듈 $\langle X \rangle$의 원소이다. 따라서 $R[x] = \langle X \rangle$이다.

(2) $\Rightarrow$ (3) $R[x]$를 S라고 하면 된다.

(3) $\Rightarrow$ (1) S가 $Y = \{y_1, \cdots, y_n\}$ $(y_i \in S)$으로부터 생성되는 R-모듈이라고 하자. S는 x를 포함하므로 $xy_i \in S$ $(i = 1, \cdots, n)$는 다음과 같이 쓸 수 있다.

$$xy_i = \sum_{j=1}^{n} a_{ij} y_j \quad (a_{ij} \in R).$$

따라서 $(y_1, \cdots, y_n)$은 일차 연립방정식

$$\sum_{j=1}^{n} (\delta_{ij} x - a_{ij}) Y_j = 0$$

의 해가 되고, 행렬

$$\begin{pmatrix} x - a_{11} & -a_{12} & \cdots & -a_{1n} \\ -a_{21} & x - a_{22} & \cdots & -a_{2n} \\ \cdot & \cdot & & \cdot \\ \cdot & \cdot & & \cdot \\ \cdot & \cdot & & \cdot \\ -a_{n1} & -a_{n2} & \cdots & x - a_{nn} \end{pmatrix}$$

의 행렬식 d는 크래머 공식(Cramer's rule)에 의하여 $dy_i = 0$ $(i = 1, \cdots, n)$이다. 그런데 $1 \in S = \langle Y \rangle$이므로 $d = d \cdot 1 = 0$이고 행렬식 d는

$$x^n + a_{n-1} x^{n-1} + \cdots + a_1 x + a_0 \quad (a_i \in R)$$

꼴이므로 x는 R 위의 정수이다. □

R이 환 S의 부분환일 때, S의 모든 원소가 R 위에서 정수적이면 S는 R **위에서 정수적**이라고 한다.

정리 1.2.2. *R은 환 S의 부분환이고 S는 환 T의 부분환일 때, T가 S 위에서 정수적이고 S가 R 위에서 정수적이면 T는 R 위에서 정수적이다.*

증명. $t \in T$일 때,

$$t^n + s_{n-1}t^{n-1} + \cdots + s_1 t + s_0 = 0$$

을 만족시키는 S의 원소 $s_0, \cdots, s_{n-1}$이 있다. 즉 t는 $R[s_0, \cdots, s_{n-1}]$ 위에서 정수적이다.

$R[s_0, \cdots, s_{n-1}, t]$는 유한생성 $R[s_0, \cdots, s_{n-1}]$-모듈이고 $R[s_0, \cdots, s_i]$는 유한생성 $R[s_0, \cdots, s_{i-1}]$-모듈이므로(정리 1.2.1), $R[s_0, \cdots, s_{n-1}, t]$는 유한생성 R-모듈이다(정리 1.1.3). 또한

$$R[t] \subseteq R[s_0, \cdots, s_{n-1}, t] \subseteq T$$

이므로 t는 R 위에서 정수적이다(정리 1.2.1). □

따름정리 1.2.3. *R이 환 S의 부분환일 때, S의 원소 x, y가 R 위의 정수이면 $x + y$, $x - y$, xy는 R 위의 정수이다.*

증명. $R[x]$는 R 위에서 정수적이고 $R[x, y]$는 $R[x]$ 위에서 정수적이므로(정리 1.2.1), $R[x, y]$는 R 위에서 정수적이다(정리 1.2.2). 따라서 $R[x, y]$의 원소 $x + y$, $x - y$, xy는 R 위의 정수이다. □

연습문제 1.2.4. 정역(integral domain) S가 부분환 R 위에서 정수적일 때, "S는 체이다"와 "R은 체이다"는 동치임을 보여라.

제 3 절 대수적 정수환

R이 환 S의 부분환일 때, R 위에서 정수적인 모든 S의 원소로 이루어진 집합 R'을 **S 안에서 R의 정수적 닫힘**이라고 부른다. 이때 $R' = R$이면 "**R이 S 안에서 정수적으로 닫혀 있다**"라고 한다. R은 정역이고 F는 R의 분수체(field of fractions)일 때, R이 F 안에서 정수적으로 닫혀 있으면 R을 **정수적으로 닫혀 있는 정역**이라고 부른다. 예를 들어 $\mathbb{Z}$는 정수적으로 닫혀 있는 정역이다.

정리 1.3.1. *R이 환 S의 부분환일 때, S 안에서 R의 정수적 닫힘 R'은 환이다.*

증명. $x, y \in R'$이면 $x+y, x-y, xy \in R'$이다(따름정리 1.2.3). 따라서 R'은 환이다. □

이제 이 장의 목표인 다음 따름정리를 얻는다.

따름정리 1.3.2. *수체 K 안에 있는 대수적 정수들의 집합 A_K는 환이다.*

증명. A_K는 K 안에서 $\mathbb{Z}$의 정수적 닫힘이다. 따라서 정리 1.3.1에 의하여 A는 환이다. □

따름정리 1.3.2의 A_K를 수체 K의 **대수적 정수환**이라고 부른다.

보기 1.3.3. 이차체 $\mathbb{Q}(i)$의 대수적 정수환은 $\mathbb{Z}[i]$임을 보이자.

이차체 $\mathbb{Q}(i)$의 원소 $a+bi$ $(a, b \in \mathbb{Q})$가 대수적 정수이면 $a-bi$도 대수적 정수이므로 $2a$와 a^2+b^2는 정수이다. 그런데

$$4(a^2+b^2) = (2a)^2 + (2b)^2 \in 4\mathbb{Z}$$

이므로 $2a$와 $2b$는 짝수인 정수이다. 따라서 $a+bi \in \mathbb{Z}[i]$이다. 그리고 $\mathbb{Z}[i]$는 $\mathbb{Z}$ 위에서 정수적이므로 이차체 $\mathbb{Q}(i)$의 대수적 정수환은 $\mathbb{Z}[i]$이다.

연습문제 1.3.4. 이차체 $K = \mathbb{Q}(\sqrt{d})$ (d는 제곱인수가 없는 정수)의 대수적 정수환 A_K가 다음과 같음을 보여라.

$$A_K = \begin{cases} \{a + b\sqrt{d} \mid a, b \in \mathbb{Z}\}, & d \equiv 2 \text{ 또는 } 3 \pmod 4\text{일 때}, \\ \{\frac{a}{2} + \frac{b}{2}\sqrt{d} \mid a, b \in \mathbb{Z},\ a \equiv b \pmod 2\}, & d \equiv 1 \pmod 4\text{일 때}. \end{cases}$$

제 2 장

정수기저

차수(degree) n인 수체 K의 대수적 정수환 A_K는 계수(rank) n인 자유 아벨군임을 보인다.

제 1 절 자유모듈

R은 환이고 I는 집합일 때, 데카르트 곱 R^I의 각 좌표에 R-모듈 연산을 적용하면 R^I는 R-모듈이다. R^I의 부분집합

$$R^{(I)} = \{(a_i)_{i\in I} \mid a_i \in R, \text{ 유한개의 } i\text{를 제외하고 } a_i = 0\}$$

는 R^I의 부분 R-모듈이다.

$e_j \in R^{(I)}$ $(j \in I)$를 $(\delta_{ji})_{i\in I}$ ($i = j$이면 $\delta_{ij} = 1$, $i \neq j$이면 $\delta_{ji} = 0$)라고 하면, $R^{(I)}$의 모든 원소 $(a_j)_{j\in I}$는 다음과 같이 e_j의 유일한 유한 일차결합을 가진다.

$$(a_j)_{j\in I} = \sum_{j\in I} a_j e_j.$$

이때 $\{e_j \mid j \in I\}$를 $R^{(I)}$의 **표준기저**라고 부른다.

M이 R-모듈이고 $x_i \in M$ $(i \in I)$일 때, 함수 $\phi : R^{(I)} \to M$을

$$\phi((a_i)_{i\in I}) = \sum_i a_i x_i$$

로 정의하면, ϕ는 R-모듈 준동형사상이다.

이제 다음 정리를 쉽게 얻을 수 있다. 증명은 생략한다.

정리 2.1.1.

(1) *"$\{x_i \in M \mid i \in I\}$는 일차독립이다"와 "$\phi$는 단사함수이다"는 동치다.*

(2) *"$\{x_i \in M \mid i \in I\}$는 M을 생성한다"와 "ϕ는 전사함수이다"는 동치다.*

함수 ϕ가 전단사일 때, M을 **자유 R-모듈**(free R-module)이라고 부르고 집합 $\{x_i \in M | i \in I\}$를 M의 **기저**라고 부른다. R이 $\mathbb{Z}$이면 M은 자유 아벨군이다.

제 2 절 주 아이디얼 정역 위의 모듈

F를 정역 R의 분수체라고 하면 자유 R-모듈 M은 F-벡터공간의 부분집합과 R-모듈 동형이다. 예를 들어 $M = R^{(I)}$이면 M은 F-벡터공간 $F^{(I)}$의 부분집합이다. 자유 R-모듈 M과 R-모듈 동형인 부분집합을 가지는 F-벡터공간의 가장 작은 차원(dimension)을 M의 **계수**(rank)라고 부른다. 예를 들어 자유 R-모듈 M이 n개의 원소로 이루어진 기저를 가지면 M의 계수는 n이다.

정리 2.2.1. *R은 주 아이디얼 정역(principal ideal domain), M은 계수가 n인 자유 R-모듈, M'은 M의 부분모듈일 때,*

(1) *M'은 계수가 $n'\,(\leq n)$인 자유모듈이다.*

(2) *$M' \neq 0$이면 다음을 만족시키는 M의 기저 $\{x_1, \cdots, x_n\}$과 R의 원소 a_i ($i = 1, \cdots, n'$)가 있다.*

$$\{a_1x_1, \cdots, a_{n'}x_{n'}\}\text{은 } M'\text{의 기저이고 } a_i \mid a_{i+1}.$$

증명. $M' \neq 0$이라고 가정하고 집합 $H(M,R)$을 다음과 같이 정의하자.

$$H(M,R) = \{u : M \to R \mid u\text{는 } R\text{-모듈 준동형사상}\}.$$

$u \in H(M,R)$일 때, $u(M')$은 R의 아이디얼이다. R이 주 아이디얼 정역이므로 $u(M') = Ra_u$ $(a_u \in R)$이다. 먼저 집합

$$\mathcal{S} = \{Ra_u \mid u \in H(M,R)\}$$

에는 극대 원소(maximal element)가 있음을 보이자. 극대 원소가 없으면 선택공리(axiom of choice)에 의해서 $Ra_u \in \mathcal{S}$에 대하여 $f(Ra_u) \supset Ra_u$를 만족시키는 함수 $f : \mathcal{S} \to \mathcal{S}$가 존재한다. $Ra_{u_1} \in \mathcal{S}$를 선택하고 귀납적으로 $Ra_{u_{i+1}} = f(Ra_{u_i})$라고 정의하면 주 아이디얼의 무한 순증가수열

$$Ra_{u_1} \subset Ra_{u_2} \subset Ra_{u_3} \subset \cdots$$

을 얻는다. 그런데 $\bigcup Ra_{u_i}$는 아이디얼이고 R은 주 아이디얼 정역이므로 $\bigcup Ra_{u_i} = Ra$ $(a \in R)$이다. 따라서 $a \in Ra_{u_j}$이고

$$Ra_{u_j} = Ra_{u_{j+1}} = \cdots = Ra$$

이다. 이는 (Ra_{u_n})이 무한 순증가수열이라는 사실과 모순이므로 $\mathcal{S} = \{Ra_u \mid u \in H(M,R)\}$에는 극대 원소가 있다.

이제 Ra_v $(v \in H(M,R))$를 $\mathcal{S}$의 극대 원소라 하고

$$v(x') = a_v \ (x' \in M')$$

라고 하자. $u \in H(M,R)$에 대하여

$$d = \gcd(a_v, u(x'))$$

라고 하면 $d = ba_v + cu(x')$ $(b, c \in R)$이므로 $d = (bv + cu)(x')$이다. $bv + cu \in H(M,R)$이므로 $Ra_v \subseteq Rd \subseteq (bv + cu)(M')$이다. 그런데 Ra_v가 극대이므로 $Rd = Ra_v$이고 $a_v \mid u(x')$이다.

M의 기저를 $\{y_1, \cdots, y_n\}$이라 하고 $\pi_i : M \to R$은 $\pi_i(y_j) = \delta_{ij}$를 만족시키는 R-모듈 준동형사상이라고 하자. $\pi_i \in H(M,R)$이므로 $a_v \mid \pi_i(x')$이고 $\pi_i(x') = a_v b_i$ $(b_i \in R)$이다. $x = \sum_{i=1}^n b_i y_i$라고 하면 $x' = a_v x$이다. 그

리고 $a_v = v(x') = a_v \cdot v(x)$이므로 $v(x) = 1$이다.

$y \in M$일 때, $y = v(y)x + (y - v(y)x)$ 꼴로 쓸 수 있다. 그리고

$$v(y - v(y)x) = v(y) - v(y)v(x) = 0$$

이므로 $y - v(y)x \in \mathrm{Ker}(v)$이다. 따라서 $M = \mathrm{Ker}(v) + Rx$이다. 그리고 $\mathrm{Ker}(v) \cap Rx = 0$이므로

$$M = \mathrm{Ker}(v) \oplus Rx \tag{2.1}$$

이다.

$y \in M'$일 때, $v(y) = ba_v$ $(b \in R)$라고 하면

$$y = v(y)x + (y - v(y)x) = bx' + (y - v(y)x)$$

이다. 그런데 $y - v(y)x \in \mathrm{Ker}(v)$이고 $y - v(y)x = y - bx' \in M'$이므로 $y - v(y)x \in M' \cap \mathrm{Ker}(v)$이다. 따라서

$$M' = (M' \cap \mathrm{Ker}(v)) \oplus Rx' \tag{2.2}$$

이다.

먼저 (1)을 보이자. M이 F-벡터공간의 부분집합과 R-모듈 동형이므로 M'도 F-벡터공간의 부분집합과 R-모듈 동형이다. 이때, M'과 R-모듈 동형인 부분집합을 가지는 F-벡터공간의 가장 작은 차원을 n' $(\leq n)$이라고 하고 n'에 대한 수학적 귀납법으로 (1)을 증명하자. $n' = 0$이면 $M' = 0$이므로 자명하다. $n' > 0$이면 식 (2.2)에 의해 $M' \cap \mathrm{Ker}(v)$와 R-모듈 동형인 부분집합을 가지는 F-벡터공간의 가장 작은 차원은 $n' - 1$이고 귀납적 가정에 의해 $M' \cap \mathrm{Ker}(v)$는 자유모듈이다. $M' \cap \mathrm{Ker}(v)$는 계수 $n' - 1$인 자유모듈이므로 다시 식 (2.2)에 의해 M'은 계수 $n' \leq n$인 자유모듈이다.

이제 (2)를 보이자. M의 계수 n에 대한 수학적 귀납법으로 증명하자. $n = 1$이면 자명하다. $n > 1$이면 (1)과 식 (2.1)에 의해서 $\mathrm{Ker}(v)$는 계수가 $n-1$인 자유모듈이다. $M' \cap \mathrm{Ker}(v) = 0$이면 자명하므로 $M' \cap \mathrm{Ker}(v) \neq 0$이라고 가정하자. 귀납적 가정에 의해서 다음을 만족시키는 $\mathrm{Ker}(v)$의 기저

$\{x_2, \cdots, x_n\}$과 R의 원소 a_i $(i = 2, \cdots, n')$가 있다.

$$\{a_2x_2, \cdots, a_{n'}x_{n'}\}\text{은 } M' \cap \mathrm{Ker}(v)\text{의 기저이고 } a_i \,|\, a_{i+1}.$$

$a_1 = a_v$ 그리고 $x_1 = x$라고 하면 식 (2.1)에 의해서 $\{x_1, \cdots, x_n\}$은 M의 기저가 되고 식 (2.2)에 의해 $\{a_1x_1, \cdots, a_{n'}x_{n'}\}$은 M'의 기저가 된다.

끝으로 $a_1 \,|\, a_2$임을 보이자. $u \in H(M, R)$은 $u(x_1) = u(x_2) = 1$, $u(x_i) = 0$ $(i \geq 3)$을 만족시키는 R-모듈 준동형사상이라고 하자. $a_1 = a_v = u(a_vx_1) = u(x') \in u(M')$이므로 $Ra_v \subseteq u(M')$이다. 그런데 Ra_v가 극대이므로 $u(M') = Ra_v = Ra_1$이다. 그리고 $a_2 = u(a_2x_2) \in u(M')$이므로 $a_2 \in Ra_1$이다. 따라서 $a_1 \,|\, a_2$이다. □

제 3 절 정수기저

내수석 성수환 A_K는 수체 K 안에서 $\mathbb{Z}$의 정수적 닫힘이다. 먼저 이보다 일반적인 상황에서 다음 정리를 얻는다.

정리 2.3.1. *R은 정수적으로 닫힌 정역, F는 R의 분수체, K는 F의 차수 n인 분해 가능(separable) 확대체이고 A는 K 안에서 R의 정수적 닫힘일 때, 다음을 만족시키는 계수 n인 자유 R-모듈 M과 N이 있다.*

$$M \subseteq A \subseteq N.$$

증명. $K = F(s)$ $(s \in K)$일 때, s의 최소 다항식을

$$f(X) = X^n + \frac{a_{n-1}}{b_{n-1}}X^{n-1} + \cdots + \frac{a_1}{b_1}X + \frac{a_0}{b_0} \quad (a_i,\, b_i \in R)$$

라고 하자. $b = b_0 \cdots b_{n-1} (\in R)$이라고 하면

$$(bs)^n + b'_{n-1}a_{n-1}(bs)^{n-1} + \cdots + b^{n-2}b'_1a_1(bs) + b^{n-1}b'_0a_0 = 0 \quad (b'_i = \tfrac{b}{b_i} \in R)$$

이고 $b'_ia_i \in R$이므로 $t = bs \in A$이다. 따라서 $K = F(t)$ $(t \in A)$이다. $\{1, t, \cdots, t^{n-1}\}$은 F-벡터공간 K의 기저이고 $t \in A$이므로 A는 계수 n인 자유 R-모듈 $M = R \oplus Rt \oplus \cdots Rt^{n-1}$을 포함한다.

이제 A가 계수 n인 자유 R-모듈에 포함됨을 보이자. $t_1 = t, t_2, \cdots, t_n$을 t의 F 위에서 공액(conjugate)이라고 하면 $d := \prod_{i<j}(t_i - t_j)^2 \in F$이다. 이때,

$$A \subseteq N = R(\frac{1}{d}) \oplus R(\frac{t}{d}) \oplus \cdots \oplus R(\frac{t^{n-1}}{d})$$

을 보이면 된다. $y \in A$일 때, $y = \sum_{j=0}^{n-1} c_j t^j$ $(c_j \in F)$ 꼴로 쓸 수 있다. 그런데 $y = \sum_{j=0}^{n-1} dc_j(t^j/d)$이므로 $dc_j \in R$을 보이면 된다.

$\bar{F}$를 K를 포함하는 F의 대수적 닫힘(algebraic closure)이라고 하면 t_i, $y_i = \sum_{j=0}^{n-1} c_j t_i^j \in \bar{F}$ $(i = 1, \cdots, n)$이다. 따라서 $c_0, \cdots, c_{n-1}$은 다음 일차 연립방정식의 해이다.

$$\sum_{j=0}^{n-1} t_i^j C_j = y_i \ \ (i = 1, \cdots, n).$$

행렬 (t_i^j)의 행렬식을 δ라고 하면 $\delta = \det(t_i^j) = \prod_{j<i}(t_i - t_j)$이고 $\delta^2 = d$이다. d_j를 행렬 (t_i^j)의 j-열을 $y_1, \cdots, y_n$으로 바꾼 행렬의 행렬식이라고 하면 크래머 공식에 의해서 $\delta c_j = d_j$이다. 그리고 t_i^j, y_i는 R 위에서 정수적이므로 δ와 d_j도 R 위에서 정수적이다. 따라서 $dc_j = \delta d_j \in F$는 R 위에서 정수적이다. R은 정수적으로 닫혀 있으므로 $dc_j \in R$이다. □

이제 정리 2.2.1과 2.3.1로부터 이 장의 목표인 다음 따름정리를 얻는다.

따름정리 2.3.2. *차수 n인 수체 K의 대수적 정수환 A_K는 계수 n인 자유 $\mathbb{Z}$-모듈, 즉 자유 아벨군이다. 이때, 자유 아벨군 A_K의 기저를 수체 K의* **정수기저***(integral basis)라고 부른다.*

증명. A_K는 K 안에서 $\mathbb{Z}$의 정수적 닫힘이다. $\mathbb{Z}$는 주 아이디얼 정역이므로 정리 2.2.1과 정리 2.3.1에 의해서 A_K는 차수 n인 자유 $\mathbb{Z}$-모듈이다. □

K가 F의 차수 n인 분해 가능 확대체이고 $\bar{F}$는 K를 포함하는 F의 대수적 닫힘이라고 하면, K에서 $\bar{F}$의 부분체로의 서로 다른 n개의 F-동형 사상 $\sigma_i : K \to \bar{F}$ $(i = 1, \cdots, n)$이 있다. $x \in K$의 F 위에서 트레이

스(trace)와 노름(norm)은 다음과 같이 정의된다.

$$\mathrm{Tr}_{K/F}(x) = \sum_{i=1}^{n} \sigma_i(x),$$

$$\mathrm{N}_{K/F}(x) = \prod_{i=1}^{n} \sigma_i(x).$$

이때 $\sigma_i(x)$는 x의 공액이므로 $\mathrm{Tr}_{K/F}(x), \mathrm{N}_{K/F}(x) \in F$이다.

$(x_1, \cdots, x_n)$ $(x_i \in K)$의 F 위에서 판별식(discriminant)은 다음과 같이 정의된다.

$$\mathrm{discr}_{K/F}(x_1, \cdots, x_n) = \det(\mathrm{Tr}_{K/F}(x_i x_j)).$$

따라서 $\mathrm{discr}_{K/F}(x_1, \cdots, x_n) \in F$이다. 또한

$$\det(\mathrm{Tr}_{K/F}(x_i x_j)) = \det(\sigma_i(x_j))^2$$

이므로 $\{x_1, \cdots, x_n\}$이 F 위에서 일차독립이면

$$\mathrm{discr}_{K/F}(x_1, \cdots, x_n) \neq 0$$

이다.

정리 2.3.3. *$\{x_1, \cdots, x_n\}$과 $\{y_1, \cdots, y_n\}$이 수체 K의 정수기저일 때,*

$$\mathrm{discr}_{K/\mathbb{Q}}(x_1, \cdots, x_n) = \mathrm{discr}_{K/\mathbb{Q}}(y_1, \cdots, y_n) \in \mathbb{Z}$$

이다.

증명. x_i, y_j는 대수적 정수이므로

$$\mathrm{discr}_{K/\mathbb{Q}}(x_1, \cdots, x_n), \mathrm{discr}_{K/\mathbb{Q}}(y_1, \cdots, y_n) \in \mathbb{Z}$$

이다. 만약에 $y_i = \sum_{j=1}^{n} a_{ij} x_j$ $(a_{ij} \in \mathbb{Z})$라면

$$\mathrm{discr}_{K/\mathbb{Q}}(y_1, \cdots, y_n) = \det(a_{ij})^2 \mathrm{discr}_{K/\mathbb{Q}}(x_1, \cdots, x_n)$$

이다. 만약에 $x_i = \sum_{j=1}^{n} b_{ij} y_j$ $(b_{ij} \in \mathbb{Z})$라면

$$\mathrm{discr}_{K/\mathbb{Q}}(x_1, \cdots, x_n) = \det(b_{ij})^2 \mathrm{discr}_{K/\mathbb{Q}}(y_1, \cdots, y_n)$$

이다. 따라서

$$\det(a_{ij})^2 = \det(b_{ij})^2 = 1$$

이다. □

정리 2.3.3에 의해서 수체 K의 정수기저의 판별식은 유일하다. 이제 이를 수체 K의 **절대판별식**(absolute discriminant)이라고 부르고 d_K로 표시한다.

연습문제 2.3.4. $K = \mathbb{Q}(\sqrt{d})$ (d는 제곱인수가 없는 정수)는 이차체이다. $d \equiv 2$ 또는 $3 \pmod 4$일 때, 정수기저는 $\{1, d\}$이고 $d_K = 4d$임을 보여라. $d \equiv 1 \pmod 4$일 때, 정수기저는 $\{1, \frac{1+\sqrt{d}}{2}\}$이고 $d_K = d$임을 보여라.

제 3 장

유군

F는 정역 R의 분수체이고 M은 F의 R-부분모듈일 때, $d \cdot M \subseteq R$을 만족시키는 $d \in R - \{0\}$가 있으면, M을 R의 **분수 아이디얼**(fractional ideal)이라고 부른다. 예를 들어 $\frac{3}{2}\mathbb{Z}$는 $\mathbb{Z}$의 분수 아이디얼이다. R의 분수 아이디얼 M과 N의 곱을 다음과 같이 정의하자.

$$M \cdot N = \{\sum_{i=1}^{n} x_i y_i \,|\, n \in \mathbb{N}, x_i \in M,\, y_i \in N\}.$$

이때, 수체 K의 대수적 정수환 A_K의 0이 아닌 분수 아이디얼들이 곱셈 아벨군을 형성함을 보인다.

제 1 절 뇌터 모듈

정리 3.1.1의 동치 조건을 만족시키는 R-모듈 M을 **뇌터 모듈**(Noetherian module)이라고 부른다. 그리고 R이 R-모듈로서 뇌터 모듈일 때, R을 **뇌터환**(Noetherian ring)이라고 부른다. 예를 들어 주 아이디얼 정역은 뇌터환이다.

정리 3.1.1. *R은 환이고 M은 R-모듈일 때, 다음은 동치이다.*

(1) M의 부분모듈로 구성된 공집합이 아닌 모든 집합에는 극대 원소가 있다.

(2) M의 모든 부분모듈은 유한생성모듈이다.

(3) M의 모든 부분모듈 증가수열 $M_1 \subseteq M_2 \subseteq M_3 \subseteq \cdots$에는 $M_n = M_m$ $(n \geq m)$을 만족시키는 자연수 m이 있다.

증명. (1) $\Rightarrow$ (2) M'은 M의 부분모듈이고 $\mathcal{C}$는 M'의 모든 유한생성 부분모듈로 구성된 모임이라고 하자. $\langle 0 \rangle \in \mathcal{C}$이므로 (1)에 의해서 $\mathcal{C}$에는 극대원소 M''이 있다. x를 M'의 원소라고 하면 $M'' + Rx$는 M'의 유한생성 부분모듈이다. M''은 극대이므로 $M'' = M'' + Rx$이고 $x \in M''$이다. 따라서 $M' = M''$이고 M'은 유한생성 부분모듈이다.

(2) $\Rightarrow$ (3) $M_1 \subseteq M_2 \subseteq M_3 \subseteq \cdots$이 M의 부분모듈 증가수열일 때,

$$M' = \bigcup_{i \geq 1} M_i$$

은 M의 부분모듈이다. (2)에 의해서 M'은 유한생성모듈이다.

$$M' = \langle x_1, \cdots, x_r \rangle$$

이라고 하면 $\{x_1, \cdots, x_r\} \subseteq M_m$을 만족시키는 자연수 m이 존재하고 $M_n = M_m$ $(n \geq m)$이다.

(3) $\Rightarrow$ (1) M의 부분모듈로 구성된 공집합이 아닌 집합 $\mathcal{C}$에 극대 원소가 없다고 가정하자. 선택공리(axiom of choice)에 의해서 $M' \in \mathcal{C}$에 대하여 $f(M') \supset M'$을 만족하는 함수 $f : \mathcal{C} \to \mathcal{C}$가 존재한다. $\mathcal{C}$는 공집합이 아니므로 $M_1 \in \mathcal{C}$을 선택하고 귀납적으로 $M_{n+1} = f(M_n)$이라고 정의하면 부분모듈 증가수열 $M_1 \subset M_2 \subset M_3 \subset \cdots$은 (3)을 만족시키지 않는다. □

정리 3.1.2는 다음 절에서 사용된다.

정리 3.1.2. *R이 뇌터환일 때, R의 아이디얼 $I(\neq R)$에 대하여 다음을 만족시키는 R의 소수 아이디얼 $P_1, \cdots, P_r$이 있다.*

$$P_i \supseteq I \ \ (i = 1, \cdots, r), \quad I \supseteq P_1 P_2 \cdots P_r.$$

증명. I가 소수 아이디얼이면 위 성질을 만족시키므로 I가 소수 아이디얼이 아니라고 가정하자. 그러면 $a, a' \notin I$이지만 $aa' \in I$인 R의 원소 a, a'이

존재한다. $J = I + Ra$, $J' = I + Ra'$이라고 하면 $JJ' \subseteq I$이고 $I \subset J$, $I \subset J'$이다. 따라서 $J \neq R$, $J' \neq R$이다.

이때 J와 J'이 위 성질을 만족시키면 I도 위 성질을 만족시켜 증명이 끝난다. 만약에 J 또는 J'이 위 성질을 만족시키지 않으면 이 과정을 반복할 수 있다. 그런데 R이 뇌터환이므로 정리 3.1.1의 (3)에 의해서 이러한 반복과정은 반드시 끝나야 한다. □

연습문제 3.1.3. M_i $(i = 1, \cdots, n)$가 뇌터 R-모듈이면 $M_1 \oplus \cdots \oplus M_n$은 뇌터 R-모듈임을 보여라.

연습문제 3.1.4. M이 R-모듈 N의 부분모듈일 때, "N은 뇌터 모듈이다"와 "M과 N/M은 뇌터 모듈이다"는 동치임을 보여라.

제 2 절 데데킨트 정역

정리 3.2.1의 동치 조건을 만족시키는 정역 R을 **데데킨트 정역**(Dedekind domain)이라고 부른다. 데데킨트 정역은 주 아이디얼 정역과 뇌터 정역 사이에 위치하는 정역이다.

정리 3.2.1. *R이 정역일 때, 다음은 동치이다.*

(1) R은 정수적으로 닫혀 있고, 뇌터환이고, R의 0이 아닌 모든 소수 아이디얼(prime ideal)은 극대 아이디얼(maximal ideal)이다.

(2) R의 0과 R이 아닌 모든 아이디얼은 소수 아이디얼의 곱으로 유일하게 나타낼 수 있다.

(3) R의 0이 아닌 분수 아이디얼의 집합은 곱셈 아벨군이다.

증명. (1) ⇒ (2) P를 R의 0이 아닌 소수 아이디얼이라 하고

$$P^{-1} = \{x \in F \mid xP \subseteq R\}$$

이라고 하자. 여기서 F는 R의 분수체이다. P^{-1}는 F의 R-부분모듈이고 $a \in P$ $(a \neq 0)$에 대하여 $aP^{-1} \subseteq R$이므로 P^{-1}은 R의 분수 아이디얼이다.

P는 아이디얼이므로 $R \subseteq P^{-1}$이다. $b \in P$ $(b \neq 0)$에 대하여 정리 3.1.2에 의해서 다음을 만족시키는 R의 소수 아이디얼 $P_1, \cdots, P_r$ (r은 최소로 선택)이 있다.

$$P_i \supseteq Rb \ (i = 1, \cdots, r), \quad P \supseteq Rb \supseteq P_1 P_2 \cdots P_r.$$

이때 P는 P_i $(i = 1, \cdots, r)$ 중 하나를 포함해야 한다. $P \supseteq P_1$이라고 하면 가정에 의해서 0이 아닌 소수 아이디얼은 극대이므로 $P = P_1$이다. 또한 $Rb \not\supseteq P_2 \cdots P_r$이므로 $a \in P_2 \cdots P_r$이지만 $a \notin Rb$인 a가 존재하고 $a/b \notin R$이다. 그러나

$$(a/b)P \subseteq (1/b)P_1 \cdots P_r \subseteq R$$

이므로 $a/b \in P^{-1}$이다. 따라서 $R \subset P^{-1}$이다.

$P = PR \subseteq PP^{-1} \subseteq R$이므로 $PP^{-1} = R$ 또는 $PP^{-1} = P$이다. 만약에 $PP^{-1} = P$라고 하면

$$PP^{-2} = (PP^{-1})P^{-1} = PP^{-1} = P$$

이므로 $PP^{-n} = P$ $(n \geq 1)$이다. 따라서 $a \in P$, $b \in P^{-1}$이면

$$ab^n \in PP^{-n} = P \ (n \geq 1)$$

이다. R은 뇌터환이므로 아이디얼 $J = \sum_{i=0}^{\infty} Rab^i$은 유한생성이고

$$ab^n = \sum_{i=0}^{n-1} c_i ab^i, \ \text{즉} \ b^n - \sum_{i=0}^{n-1} c_i b^i = 0$$

을 만족시키는 $n \geq 1$과 $c_0, \cdots, c_{n-1} \in R$이 존재한다. 따라서 b는 R 위에서 정수적이다. R은 정수적으로 닫혀 있으므로 $b \in R$이고 $P^{-1} \subseteq R$이다. 그러나 이는 $R \subset P^{-1}$이라는 사실과 모순이므로 $PP^{-1} = R$이다.

이제 I가 R의 0과 R이 아닌 아이디얼일 때, I를 소수 아이디얼의 곱으로 나타낼 수 있음을 보이자. 정리 3.1.2에 의해서 다음을 만족시키는 R의 소수 아이디얼 $P_1, \cdots, P_r$ (r은 최소로 선택)이 있다.

$$P_i \supseteq I \ \ (i = 1, \cdots, r), \quad I \supseteq P_1 P_2 \cdots P_r.$$

r에 대하여 수학적 귀납법으로 증명하자. $r = 1$이면 $I \supseteq P_1$이므로 $I = P_1$이다. $r > 1$이면

$$R = P_r P_r^{-1} \supseteq I P_r^{-1} \supseteq P_1 \cdots P_r P_r^{-1} = P_1 \cdots P_{r-1}$$

이므로 귀납법 가정에 의해서 $IP_r^{-1} = P_1' \cdots P_s'$ (P_i'은 소수 아이디얼)이고 $I = P_1' \cdots P_s' P_r$이다.

끝으로 이러한 소수 아이디얼 곱이 유일함을 보이자.

$$I = P_1 \cdots P_r = P_1' \cdots P_s'$$

(P_i, P_j'은 R의 소수 아이디얼이고 $r, s \geq 1$)일 때, r, s에 대하여 수학적 귀납법으로 증명하자. $r = 1$이면 $P_1 = P_1' \cdots P_s'$이다. 이때 P_1는 P_j' ($j = 1, \cdots, s$) 중 하나와 같아야 한다. 예를 들어 $P_1 = P_1'$이라고 하면 $s \geq 2$일 때, $R = P_2' \cdots P_s'$이다. 그러나 이는 불가능하므로 $s = 1$이어야 한다. 마찬가지로 $s = 1$이면 $r = 1$이다. 이제 $r, s > 1$이라고 하자. $P_1 \supseteq P_1' \cdots P_s'$이므로 예를 들어 $P_1 = P_1'$라고 하면 $P_2 \cdots P_r = P_2' \cdots P_s'$이다. 이제 귀납법 가정에 의해서 $r = s$이고 $P_i = P_i'$ ($i = 1, \cdots, r$)이다.

(2) $\Rightarrow$ (3) M은 R의 0이 아닌 분수 아이디얼이고 $d \cdot M \subseteq R$ ($d \in R - \{0\}$)이라고 하자. $(Rd)^{-1} = Rd^{-1}$이라고 하면 $M = (Rd)^{-1} \cdot (Rd \cdot M)$이다. 가정에 의해서 Rd와 $Rd \cdot M$은 R의 소수 아이디얼 곱으로 나타낼 수 있으므로 R의 0이 아닌 소수 아이디얼이 가역이면 M도 가역이다. 따라서 R의 0이 아닌 소수 아이디얼이 가역임을 보이면 R의 0이 아닌 분수 아이디얼의 집합은 곱셈 아벨군임을 알 수 있다.

이제 R의 0이 아닌 소수 아이디얼이 가역임을 보이자. P를 R의 0이 아닌 소수 아이디얼이라고 하고 $a \in P$ ($a \neq 0$)이라고 하자. 가정에 의해서

$$P \supseteq Ra = P_1 \cdots P_r \quad (P_i\text{는 } R\text{의 소수 아이디얼})$$

이다. 이때 Ra는 가역이므로 P_i ($i = 1, \cdots, r$)는 가역이고 P는 어떤 P_i를 포함한다. 따라서 가역인 소수 아이디얼이 극대임을 보이면 $P = P_i$가 되어 P가 가역임을 알 수 있다.

이제 R의 가역인 소수 아이디얼이 극대임을 보이자. 먼저 임의의 정역 S에서 $J = P_1 \cdots P_r = P_1' \cdots P_s'$ (P_i, P_j'은 S의 가역 소수 아이디얼)이면 $r = s$이고 지수를 잘 조정하면 $P_i = P_i'$ ($i = 1, \cdots, r$)임을 보이

자. P_1을 $P_1, \cdots, P_r$ 중 극소라고 하자. $P_1 \supseteq J = P_1' \cdots P_s'$이므로 예를 들어 $P_1 \supseteq P_1'$이라고 하자. 마찬가지로 어떤 i에 대하여 $P_1' \supseteq P_i$이므로 $P_1 \supseteq P_i$이다. 그런데 P_1은 극소이므로 $P_1 = P_1'$이다. P_1은 가역이므로 $P_1^{-1}J = P_2 \cdots P_r = P_2' \cdots P_s'$이고 이 과정을 반복하면 원하는 결과를 얻는다.

P를 R의 가역인 소수 아이디얼이라고 하자. $a \in R$이고 $a \notin P$일 때,

$$I = P + Ra = P_1 \cdots P_m$$

(P_i는 R의 소수 아이디얼)이라고 하고

$$I' = P + Ra^2 = P_1' \cdots P_n'$$

(P_j'는 R의 소수 아이디얼)이라고 하자. P_i와 P_j'는 P를 포함하므로 정역 $\bar{R} = R/P$에서

$$\bar{R}\bar{a} = \bar{P_1} \cdots \bar{P_m} \ (\bar{P_i} = P_i/P)$$

이고

$$\bar{R}\bar{a^2} = \bar{P_1'} \cdots \bar{P_n'} \ (\bar{P_j'} = P_j'/P)$$

이다. $\bar{R}\bar{a}$와 $\bar{R}\bar{a^2}$이 가역이므로 $\bar{P_i}$와 $\bar{P_j'}$은 가역이다. 그런데

$$\bar{R}\bar{a^2} = (\bar{R}\bar{a})^2$$

이므로 $2m = n$이고 지수를 조정하면

$$\bar{P}'_{2i-1} = \bar{P}'_{2i} = \bar{P_i} \ (i = 1, \cdots, m)$$

이다. 따라서 $P'_{2i-1} = P'_{2i} = P_i$이고 $(P + Ra)^2 = P + Ra^2$이다.

$$P \subseteq P + Ra^2 = (P + Ra)(P + Ra) \subseteq P^2 + Ra$$

이므로 모든 $x \in P$는 $x = y + za$ $(y \in P^2, z \in R)$ 꼴이다. $za = x - y \in P$이고 $a \notin P$이므로 $z \in P$이다. 따라서 $P \subseteq P^2 + P(Ra) \subseteq P$이고

$$P = P(P + Ra)$$

이다. 그런데 P는 가역이므로 $R = P + Ra$이고 P는 극대이다.

(3) ⇒ (1) 먼저 R이 뇌터환임을 보이자. I가 R의 0이 아닌 아이디얼일 때, $R = II^{-1}$이므로 다음 성질을 만족시키는 $x_1, \cdots, x_n \in I$, $y_i, \cdots, y_n \in I^{-1}$이 존재한다.

$$1 = \sum_{i=1}^{n} x_i y_i.$$

따라서 $a \in I$는 $a = \sum_{i=1}^{n} x_i(y_i a)$ $(y_i a \in R)$ 꼴로 쓸 수 있고 I는 $\{x_1, \cdots, x_n\}$으로부터 생성된다.

다음은 R이 정수적으로 닫혀 있음을 보이자. R의 분수체 F의 원소 x가 R 위의 정수라고 하자. 정리 1.2.1에 의해서 $R[x]$는 유한생성 R-모듈이다. 따라서 $R[x]$는 R의 분수 아이디얼이고 가역이다.

$$R[x] = RR[x] = (R[x]^{-1}R[x])R[x] = R[x]^{-1}R[x] = R$$

이므로 $x \in R$이고 R은 정수적으로 닫혀 있다.

끝으로 R의 0이 아닌 모든 소수 아이디얼이 극대 아이디얼임을 보이자. P를 R의 0이 아닌 소수 아이디얼이라고 하자. $a \in R - P$일 때,

$$I = P + Ra$$

는 가역이므로 $I' = I^{-1}P$라고 하면 $I' \supseteq P$이다. 또한 $II' = P$이므로 $y \in I'$이면 $ay \in P$이다. 그런데 $a \notin P$이므로 $y \in P$이고 $I' \subseteq P$이다. 따라서 $I' = P$이다. $IP = P$이므로 $I = R$이고 P는 극대이다. □

연습문제 3.2.2. R이 데데킨트 정역일 때, "R이 주아이디얼 정역이다"와 "R이 유일 인수분해 정역(unique factorization domain)이다"는 동치임을 보여라.

제 3 절 유군

대수적 정수환 A_K는 수체 K 안에서 $\mathbb{Z}$의 정수적 닫힘이다. 먼저 이보다 일반적인 상황에서 다음 정리를 얻는다.

정리 3.3.1. *R은 데데킨트 정역, F는 R의 분수체, K는 F의 유한 분해가능 확대체이고 A는 K 안에서 R의 정수적 닫힘일 때, A는 데데킨트 정역이다.*

증명. 먼저 정의에 의해서 A는 정수적으로 닫혀 있다. 다음으로 A의 0이 아닌 소수 아이디얼은 극대임을 보이자. Q가 A의 0이 아닌 소수 아이디얼이면 $Q \cap R$는 R의 소수 아이디얼이다. $x \in Q$ $(x \neq 0)$일 때, n을 $x^n + a_{n-1}x^{n-1} + \cdots a_1 x + a_0 = 0$ $(a_i \in R)$을 만족시키는 최소 차수라고 하면 $a_0 \neq 0$이다. $a_0 = -(x^{n-1} + a_{n-1}x^{n-2} + \cdots + a_1)x \in Q \cap R$이므로 $Q \cap R \neq 0$이다. 따라서 $Q \cap R$는 R의 극대 아이디얼이고 $R/(Q \cap R)$는 체가 된다. 이제 A/Q는 $R/(Q \cap R)$ 위에서 정수적이므로 체가 되고(연습문제 1.2.4) Q는 A의 극대 아이디얼이다.

끝으로 A가 뇌터환임을 보이자. A는 유한 계수 자유 R-모듈 M의 부분모듈이다(정리 2.3.1). R이 뇌터환이므로 M은 뇌터 R-모듈이고(연습문제 3.1.3) A 또한 뇌터 R-모듈이다(연습문제 3.1.4). 따라서 A는 뇌터 A-모듈이고 뇌터환이다. □

이제 이 장의 목표인 다음 따름정리를 얻는다.

따름정리 3.3.2. *수체 K의 대수적 정수환 A_K는 데데킨트 정역이다.*

증명. A_K는 K 안에서 $\mathbb{Z}$의 정수적 닫힘이다. $\mathbb{Z}$는 데데킨트 정역이므로 정리 3.3.1에 의해서 A_K는 데데킨트 정역이다. □

$\mathcal{F}_K$가 수체 K의 대수적 정수환 A_K의 0이 아닌 분수 아이디얼로 이루어진 곱셈 아벨군이고 $\mathcal{P}_K$가 0이 아닌 주 분수 아이디얼로 이루어진 $\mathcal{F}_K$의 부분군일 때, 잉여군(factor group) $\mathcal{F}_K/\mathcal{P}_K$를 K의 **유군**(ideal class group)이라고 부르고 $\mathcal{C}_K$로 표시한다. 예를 들어 "$\mathcal{C}_K = \{1\}$"은 정의에 의해서 "A_K는 주 아이디얼 정역이다"와 동치이고 또한 "A_K는 유일 인수분해 정역이다"와도 동치이다(연습문제 3.2.2).

제 4 장

유수와 유닛

수체 K의 유군 $\mathcal{C}_K$는 유한군임을 보인다. 그리고 대수적 정수환 A_K의 유닛(unit)으로 이루어진 곱셈군 A_K^*는 유한생성군임을 보인다.

제 1 절 민코프스키 정리

계수가 n인 자유 아벨군 $\Lambda \subseteq \mathbb{R}^n$의 $\mathbb{Z}$-기저 $e = \{e_1, \cdots, e_n\}$가 $\mathbb{R}$-일차독립일 때, Λ를 $\mathbb{R}^n$의 **격자**(lattice)라고 부른다. 예를 들어 $\mathbb{Z}^n$은 $\mathbb{R}^n$의 격자이다. 격자 Λ의 기저 e에 대하여 반 열린 평행체(half-open parallelotope) P_e는 다음과 같다.

$$P_e = \{x \in \mathbb{R}^n \,|\, x = \sum_{i=1}^{n} \alpha_i e_i, \;\; 0 \leq \alpha_i < 1\}.$$

μ가 $\mathbb{R}^n$의 르베그 측도(Lebesgue measure)일 때, $\mathbb{R}^n$의 가측(measurable) 부분집합 S의 측도를 $\mu(S)$로 표시하자.

정리 4.1.1. *$\mu(P_e)$는 격자 Λ의 기저 e에 대하여 불변이다.*

증명. $f = \{f_1, \cdots, f_n\}$가 격자 Λ의 또 다른 기저일 때,

$$f_i = \sum_{i=1}^{n} a_{ij} e_j, \;\; a_{ij} \in \mathbb{Z}$$

로 쓸 수 있다. 따라서 $\mu(P_f) = |\det(a_{ij})|\mu(P_e)$이다. 그런데 (a_{ij})는 가역 정수 행렬이므로 $\det(a_{ij}) = \pm 1$이고 $\mu(P_f) = \mu(P_e)$이다. □

이제 격자 Λ의 임의의 기저 e에 대하여 $\mu(P_e)$를 격자 Λ의 **부피**라 하고 $v(\Lambda)$로 표시한다. 민코프스키(Minkowski) 정리는 다음과 같다.

정리 4.1.2 (민코프스키). *Λ는 $\mathbb{R}^n$의 격자이고 S는 $\mathbb{R}^n$의 가측 부분집합일 때, $\mu(S) > v(\Lambda)$이면 다음을 만족시키는 서로 다른 두 점 $x, y \in S$가 있다.*

$$x - y \in \Lambda.$$

증명. 격자 Λ의 $\mathbb{Z}$-기저가 $e = \{e_1, \cdots, e_n\}$일 때, S는 $S \cap (\lambda + P_e)$ $(\lambda \in \Lambda)$ 꼴의 분리 합집합(disjoint union)이다. 따라서

$$\mu(S) = \sum_{\lambda \in \Lambda} \mu(S \cap (\lambda + P_e))$$

이다. 그런데 $\mu(S \cap (\lambda + P_e)) = \mu((-\lambda + S) \cap P_e)$이므로 $(-\lambda + S) \cap P_e$ $(\lambda \in \Lambda)$가 서로 분리되어 있다면

$$\mu(P_e) \geq \sum_{\lambda \in \Lambda} \mu((-\lambda + S) \cap P_e) = \mu(S)$$

이다. 이는 가정 $\mu(S) > v(\Lambda)$에 모순이므로 $(-\lambda + S) \cap P_e$ $(\lambda \in \Lambda)$는 서로 분리되어 있지 않다. 따라서 다음을 만족시키는 Λ의 서로 다른 두 원소 λ와 λ'이 있다.

$$(-\lambda + S) \cap (-\lambda' + S) \neq \emptyset.$$

이때 $-\lambda + x = -\lambda' + y$ $(x, y \in S)$라고 하면, $x \neq y$이고 $x - y = \lambda - \lambda' \in \Lambda$이다. □

따름정리 4.1.3. *Λ는 $\mathbb{R}^n$의 격자이고 S는 $\mathbb{R}^n$의 볼록하고 원점에 대칭인 가측 부분집합일 때,*

(1) $\mu(S) > 2^n v(\Lambda)$, 또는
(2) $\mu(S) \geq 2^n v(\Lambda)$ 그리고 S는 콤팩트

이면 $S \cap (\Lambda - \{0\}) \neq \emptyset$이다.

증명. 먼저 (1)을 가정하면 $S' = \frac{1}{2}S$일 때, $\mu(S') = 2^{-n}\mu(S) > v(\Lambda)$이다. 따라서 다음을 만족시키는 S'의 서로 다른 두 점 y, z가 있다(정리 4.1.2).

$$y - z \in \Lambda.$$

그런데 S는 볼록하고 원점에 대칭이므로 $y - z = \frac{1}{2}(2y + (-2z)) \in S$이다. 따라서 $y - z \in S \cap (\Lambda - \{0\})$이다.

이제 (2)를 가정하자. $(\Lambda - \{0\}) \cap (1+\epsilon)S$ ($\epsilon > 0$)는 공집합이 아닌 콤팩트 집합이므로

$$\bigcap_{\epsilon>0}((\Lambda - \{0\}) \cap (1+\epsilon)S) \neq \emptyset$$

이다. 따라서 $\Lambda - \{0\}$에는 모든 $(1+\epsilon)S$ ($\epsilon > 0$)에 포함되는 점 w가 존재한다. 그런데 S가 콤팩트하므로 $w \in S$이다. □

제 2 절 아이디얼의 노름

차수가 n인 수체 K의 대수적 정수환 A_K는 계수 n인 자유 $\mathbb{Z}$-모듈이다. x를 A_K의 0이 아닌 원소라고 하면 A_Kx도 계수 n인 자유 $\mathbb{Z}$-모듈이다. 따라서 다음을 만족시키는 A_K의 $\mathbb{Z}$-기저 $\{x_1, \cdots, x_n\}$과 자연수 a_i ($i = 1, \cdots, n$)가 있다(정리 2.2.1).

$$\{a_1x_1, \cdots, a_nx_n\}\text{은 } A_Kx\text{의 } \mathbb{Z}\text{-기저}.$$

그러므로

$$A_K/A_Kx \cong \prod_{i=1}^{n} \mathbb{Z}/\mathbb{Z}a_i$$

이다. 또한 A_K의 0이 아닌 아이디얼 $\mathfrak{a}$의 0이 아닌 원소 a에 대하여

$$A_Ka \subseteq \mathfrak{a}$$

이므로 $|A_K/\mathfrak{a}|$ 역시 유한이다. 따라서 $\mathfrak{a}$도 계수 n인 자유 $\mathbb{Z}$-모듈이다. 이제 $|A_K/\mathfrak{a}|$을 아이디얼 $\mathfrak{a}$의 **노름**이라고 부르고 $\mathrm{N}(\mathfrak{a})$로 표시한다.

대수적 정수환 A_K의 0이 아닌 원소 x에 대하여 $N(A_Kx) = |N_{K/\mathbb{Q}}(x)|$을 보이려면 다음 보조정리가 필요하다.

보조정리 4.2.1. *F는 체, K는 F의 차수 n인 분해 가능 확대체이고 $x \in K$일 때, F-선형사상*

$$x : K \to K, \quad y \mapsto xy$$

는 다음을 만족시킨다.

$$\mathrm{Tr}(x) = \mathrm{Tr}_{K/F}(x), \quad \det(x) = \mathrm{N}_{K/F}(x).$$

증명. 먼저 $K = F(x)$인 경우를 증명하자. x의 최소다항식을

$$f(X) = X^n + a_{n-1}X^{n-1} + \cdots + a_0 \ (a_i \in F)$$

라고 하면 K의 F-기저 $\{1, x, \cdots, x^{n-1}\}$에 대한 선형사상 x의 행렬은

$$M = \begin{pmatrix} 0 & 0 & \cdots & 0 & -a_0 \\ 1 & 0 & \cdots & 0 & -a_1 \\ 0 & 1 & \cdots & 0 & -a_2 \\ \cdot & \cdot & & & \cdot \\ \cdot & \cdot & & & \cdot \\ 0 & 0 & \cdots & 1 & -a_{n-1} \end{pmatrix}$$

이고, 선형사상 x의 특성다항식은

$$\det(X \cdot I_n - M) = X^n - \mathrm{Tr}(x)X^{n-1} + \cdots + (-1)^n \det(x)$$

이다. 따라서 $f(X) = \det(X \cdot I_n - M)$이고

$$\mathrm{Tr}(x) = -a_{n-1} = \mathrm{Tr}_{K/F}(x), \quad \det(x) = (-1)^n a_0 = \mathrm{N}_{K/F}(x)$$

이다.

이제 일반적인 경우를 증명하자. $n_1 = [F(x) : F]$, $n_2 = [K : F(x)]$라고 하고 $\{y_1, \cdots, y_{n_2}\}$를 K의 $F(x)$-기저라 하면, $n = n_1 n_2$이고

$$\{y_1, y_1 x, \cdots, y_1 x^{n_1 - 1}, \cdots, y_{n_2}, y_{n_2} x, \cdots, y_{n_2} x^{n_1 - 1}\}$$

은 K의 F-기저이다. 이 기저에 대한 선형사상 x의 행렬은 M이 n_2번 나

타나는 블록 대각 행렬

$$M' = \begin{pmatrix} M & 0 & \cdots & 0 \\ 0 & M & \cdots & 0 \\ \cdot & \cdot & & \cdot \\ \cdot & \cdot & & \cdot \\ 0 & 0 & \cdots & M \end{pmatrix}$$

이므로 선형사상 x의 특성다항식은 $f(X)^{n_2}$이다. 따라서 x의 최소다항식은 $f(X)^{n_2}$이고 $\mathrm{Tr}(x) = \mathrm{Tr}_{K/F}(x)$, $\det(x) = \mathrm{N}_{K/F}(x)$이다. □

정리 4.2.2. *K는 차수 n인 수체, A_K는 K의 대수적 정수환이고 x는 A_K의 0이 아닌 원소일 때,*

$$N(A_K x) = |N_{K/\mathbb{Q}}(x)|$$

이다.

증명. A_K의 $\mathbb{Z}$-기저가 $\{x_1, \cdots, x_n\}$이고 $A_K x$의 $\mathbb{Z}$-기저가 $\{a_1 x_1, \cdots, a_n x_n\}$ $(a_i \in \mathbb{N})$일 때, u를 $u(x_i) = a_i x_i$인 A_K에서 $A_K x$로의 $\mathbb{Z}$-모듈 동형사상이라고 하고 v를 $v(a_i x_i) = x x_i$인 $A_K x$에서 $A_K x$로의 $\mathbb{Z}$-모듈 동형사상이라고 하자. 이제 $v \circ u$를 $\mathbb{Q}$-선형사상 $x : K \to K$, $y \mapsto xy$라고 보면

$$\det(x) = \det(v \circ u) = \det(v)\det(u) = \pm a_1 \cdots a_n$$

이고 보조정리 4.2.1에 의해서

$$|\mathrm{N}_{K/\mathbb{Q}}(x)| = |\det(x)| = a_1 \cdots a_n = |A_K / A_K x| = N(A_K x)$$

이다. □

다음 정리는 아이디얼의 노름이 곱셈성질(multiplicativity)을 가지고 있음을 알려준다.

정리 4.2.3. *K는 수체, A_K는 K의 대수적 정수환이고 $\mathfrak{a}$와 $\mathfrak{b}$는 0이 아닌 A_K의 아이디얼일 때,*

$$N(\mathfrak{a}\mathfrak{b}) = N(\mathfrak{a})(\mathfrak{b})$$

이다.

증명. 정리 3.2.1과 따름정리 3.3.2에 의하여 $\mathfrak{b}$는 극대 아이디얼의 곱으로 나타낼 수 있으므로 $\mathfrak{p}$가 극대 아이디얼일 때,

$$\mathrm{N}(\mathfrak{a}\mathfrak{p}) = \mathrm{N}(\mathfrak{a})\mathrm{N}(\mathfrak{p})$$

을 보이면 된다. 또한

$$|A_K/\mathfrak{a}\mathfrak{p}| = |A_K/\mathfrak{a}||\mathfrak{a}/\mathfrak{a}\mathfrak{p}|$$

이므로

$$|A_K/\mathfrak{p}| = |\mathfrak{a}/\mathfrak{a}\mathfrak{p}|$$

를 보이면 된다. 그런데 $\mathfrak{a}\mathfrak{p} \subset \mathfrak{c} \subset \mathfrak{a}$를 만족시키는 A_K의 아이디얼 $\mathfrak{c}$는 없으므로 $\mathfrak{a}/\mathfrak{a}\mathfrak{p}$는 차원 1인 $A_K/\mathfrak{p}$-벡터공간이다. 따라서 증명이 끝난다. □

제 3 절 유수

수체 K의 차수가 n일 때, K에서 $\mathbb{C}$의 부분체로의 서로 다른 n개의 $\mathbb{Q}$-동형사상 $\sigma_i : K \to \mathbb{C}$ $(i = 1, \cdots, n)$이 있다. r_1을 $\sigma_i(K) \subset \mathbb{R}$을 만족시키는 i의 개수라고 하고 $n - r_1 = 2r_2$라고 하자. 이때, $\sigma_i(K) \subset \mathbb{R}$ $(i = 1, \cdots, r_1)$이라고 하고 $\sigma_{j+r_2} = \overline{\sigma_j}$ $(j = r_1 + 1, \cdots, r_1 + r_2)$이라고 하자. 이제 K의 원소 x에 대하여,

$$\sigma(x) = (\sigma_1(x), \cdots, \sigma_{r_1+r_2}(x)) \in \mathbb{R}^{r_1} \times \mathbb{C}^{r_2}$$

또는

$$\begin{aligned}\sigma(x) \quad = \quad & (\sigma_1(x), \cdots, \sigma_{r_1}(x), \mathrm{R}(\sigma_{r_1+1}(x)), \mathrm{I}(\sigma_{r_1+1}(x)), \\ & \cdots, \mathrm{R}(\sigma_{r_1+r_2}(x)), \mathrm{I}(\sigma_{r_1+r_2}(x)) \in \mathbb{R}^n\end{aligned}$$

라고 하자. 여기서 $\mathrm{R}(\sigma_j(x))$와 $\mathrm{I}(\sigma_j(x))$는 각각 $\sigma_j(x)$의 실수부와 허수부이다. 이때, σ를 K의 **표준매장**(canonical imbedding)이라고 부른다.

정리 4.3.1. *차수 n인 수체 K의 계수 n인 자유 $\mathbb{Z}$-부분모듈 M의 $\mathbb{Z}$-기저*

가 $\{x_1, \cdots, x_n\}$일 때, $\sigma(M)$은 $\mathbb{R}^n$의 격자이고

$$v(\sigma(M)) = 2^{-r_2}|\det(\sigma_i(x_j))_{1\le i,j\le n}|$$

이다.

증명. 행렬

$$\begin{pmatrix} \sigma_1(x_1) & \cdots & \sigma_1(x_n) \\ \cdot & & \cdot \\ \cdot & & \cdot \\ \cdot & & \cdot \\ \sigma_{r_1}(x_1) & \cdots & \sigma_{r_1}(x_n) \\ \mathrm{R}(\sigma_{r_1+1}(x_1)) & \cdots & \mathrm{R}(\sigma_{r_1+1}(x_n)) \\ \mathrm{I}(\sigma_{r_1+1}(x_1)) & \cdots & \mathrm{I}(\sigma_{r_1+1}(x_n)) \\ \cdot & & \cdot \\ \cdot & & \cdot \\ \cdot & & \cdot \\ \mathrm{R}(\sigma_{r_1+r_2}(x_1)) & \cdots & \mathrm{R}(\sigma_{r_1+r_2}(x_n)) \\ \mathrm{I}(\sigma_{r_1+r_2}(x_1)) & \cdots & \mathrm{I}(\sigma_{r_1+r_2}(x_n)) \end{pmatrix}$$

의 행렬식 d는 다음과 같다.

$$d = (\frac{-1}{2i})^{r_2}\det(\sigma_i(x_j)).$$

그런데 $\det(\sigma_i(x_j)) \neq 0$이므로 $d \neq 0$이다. 따라서 $\{\sigma(x_1), \cdots, \sigma(x_n)\}$은 $\mathbb{R}^n$에서 $\mathbb{R}$-일차독립이고 $\sigma(M)$은 $\mathbb{R}^n$의 격자이다. 끝으로 $v(\sigma(M)) = |d|$이다. □

정리 4.3.2. *K는 차수 n인 수체, A_K는 K의 대수적 정수환이고 $\mathfrak{a}$는 A_K의 0이 아닌 아이디얼일 때, $\sigma(A_K)$와 $\sigma(\mathfrak{a})$는 격자이고*

$$v(\sigma(A_K)) = 2^{-r_2}|d_K|^{1/2}, \;\; v(\sigma(\mathfrak{a})) = 2^{-r_2}|d_K|^{1/2}N(\mathfrak{a})$$

이다.

증명. 정리 2.2.1에 의해서 $\{a_1x_1, \cdots, a_nx_n\}$이 $\mathfrak{a}$의 기저가 되는 정수기저 $\{x_1, \cdots, x_n\}$과 $a_i \in \mathbb{Z}$ $(i = 1, \cdots, n)$가 있다. 이때 $d_K = \det(\sigma_i(x_j))^2$이

므로 정리 4.3.1에 의해서 첫 번째 식을 얻는다. 그리고

$$v(\sigma(M)) = 2^{-r_2}|\det(\sigma_i(a_j x_j))| = 2^{-r_2}|\det(\sigma_i(x_j))| \prod_{i=1}^{n} |a_i|$$

이므로 두 번째 식을 얻는다. □

정리 4.3.3. *차수 n인 수체 K의 대수적 정수환 A_K의 0이 아닌 아이디얼 $\mathfrak{a}$에는 다음을 만족시키는 0이 아닌 원소 x가 있다.*

$$|N_{K/\mathbb{Q}}(x)| \leq (\frac{4}{\pi})^{r_2} \frac{n!}{n^n} |d_K|^{1/2} N(\mathfrak{a}).$$

증명. 양의 실수 t에 대하여 집합 B_t를 다음과 같이

$$B_t = \{(y_1, \cdots, y_{r_1}, z_1, \cdots, z_{r_2}) \in \mathbb{R}^{r_1} \times \mathbb{C}^{r_2} \mid \sum_{i=1}^{r_1} |y_i| + 2\sum_{j=1}^{r_2} |z_j| \leq t\}$$

로 정의할 때, B_t는 콤팩트, 볼록하고 원점에 대칭인 $\mathbb{R}^n$의 부분집합이다.

$\mu(B_t) = f(r_1, r_2, t)$라고 하면 $f(1,0,t) = 2t$이고 $f(0,1,t) = \frac{\pi t^2}{4}$이다. 또한

$$f(r_1, r_2, t) = 2\int_0^t f(r_1 - 1, r_2, t - s) ds$$

이고

$$\begin{aligned} f(r_1, r_2, t) &= \iint_{u^2+v^2 \leq t^2/4} f(r_1, r_2 - 1, t - 2\sqrt{u^2+v^2}) du dv \\ &= 2\pi \int_0^{t/2} f(r_1, r_2 - 1, t - 2s) s ds \end{aligned}$$

이므로 r_1, r_2에 대한 수학적 귀납법을 이용하여

$$\mu(B_t) = 2^{r_1} (\frac{\pi}{2})^{r_2} \frac{t^n}{n!}$$

을 얻는다.

이제 $\mu(B_t) = 2^n v(\sigma(\mathfrak{a}))$이면, 정리 4.3.2에 의하여

$$t^n = 2^{n-r_1}\pi^{-r_2} n! |d_K|^{1/2} \mathrm{N}(\mathfrak{a})$$

이고 따름정리 4.1.3에 의하여 $\mathfrak{a}$에는 다음을 만족시키는 0이 아닌 원소 x가 있다.

$$\sigma(x) \in B_t.$$

따라서

$$\begin{aligned} |\mathrm{N}_{K/\mathbb{Q}}(x)| &= \prod_{i=1}^{r_1} |\sigma_i(x)| \prod_{j=r_1+1}^{r_1+r_2} |\sigma_j(x)|^2 \\ &\le \left(\frac{1}{n} \sum_{i=1}^{r_1} |\sigma_i(x)| + \frac{2}{n} \sum_{j=r_1+1}^{r_1+r_2} |\sigma_j(x)| \right)^n \\ &\le \frac{t^n}{n^n} \\ &= (\frac{4}{\pi})^{r_2} \frac{n!}{n^n} |d_K|^{1/2} \mathrm{N}(\mathfrak{a}) \end{aligned}$$

이다. □

따름정리 4.3.4. *차수 n인 수체 K의 유군 $\mathcal{C}_K$의 원소 $\bar{c}$에는 다음을 만족시키는 A_K의 아이디얼 $\mathfrak{b}$가 있다.*

$$N(\mathfrak{b}) \le (\frac{4}{\pi})^{r_2} \frac{n!}{n^n} |d_K|^{1/2}. \tag{4.1}$$

증명. $\mathfrak{c}$가 $\bar{c}$에 있는 A_K의 분수 아이디얼이라고 하자. 이제 $\mathfrak{c}$에 주 분수 아이디얼을 곱하여 $\mathfrak{a} = \mathfrak{c}^{-1}$가 A_K의 아이디얼이라고 가정하자. 정리 4.3.3을 만족시키는 $\mathfrak{a}$의 원소를 x라고 하면, A_K의 아이디얼 $\mathfrak{b} = x\mathfrak{a}^{-1} \in \bar{c}$는 정리 4.2.2와 정리 4.2.3에 의하여 부등식 (4.1)을 만족시킨다. □

따름정리 4.3.5. *수체 K의 유군 $\mathcal{C}_K$는 유한군이다.*

증명. 따름정리 4.3.4에 의하여 임의의 자연수 s에 대하여 다음을 만족시

키는 A_K의 아이디얼 $\mathfrak{b}$가 유한개임을 보이면 된다.

$$\mathrm{N}(\mathfrak{b}) = s.$$

$\mathrm{N}(\mathfrak{b}) = s$이면 $|A_K/\mathfrak{b}| = s$이므로 $s \in \mathfrak{b}$이다. 그런데 s를 포함하는 A_K의 아이디얼 $\mathfrak{b}$는 유한개이므로 증명이 끝난다. □

이제 수체 K의 유군 $\mathcal{C}_K$의 원소의 개수를 K의 **유수**(class number)라 부르고 h_K로 표시한다. $h_K = 1$이면 수체 K의 대수적 정수환 A_K는 주 아이디얼 정역이다.

보기 4.3.6. 이차체 $K = \mathbb{Q}(\sqrt{5})$의 유수를 구해 보자.

$d_K = 5$이므로 따름정리 4.3.4에 의하여 유군 $\mathcal{C}_K$의 원소 $\bar{c}$는 다음을 만족시키는 A_K의 아이디얼 $\mathfrak{b}$를 가진다.

$$\mathrm{N}(\mathfrak{b}) \le \frac{2!}{2^2} 5^{1/2} < 2.$$

그런데 $\mathrm{N}(\mathfrak{b}) < 2$를 만족시키는 아이디얼 $\mathfrak{b}$는 A_K뿐이므로 $h_K = 1$이다.

연습문제 4.3.7. 다음 수체의 대수적 정수환이 주 아이디얼 정역임을 보여라.

$$\mathbb{Q}(\sqrt{-1}),\ \mathbb{Q}(\sqrt{-2}),\ \mathbb{Q}(\sqrt{-3}),\ \mathbb{Q}(\sqrt{-7}).$$

제 4 절 이산군

$\mathbb{R}^n$의 부분군 B가 $\mathbb{R}^n$의 임의의 콤팩트 부분집합 C에 대하여 $B \cap C$가 유한집합일 때, B를 **이산 부분군**(discrete subgroup)이라고 부른다. 예를 들어 $\mathbb{R}^n$의 격자는 이산 부분군이다.

정리 4.4.1. *$\mathbb{R}^n$의 이산 부분군 B는 $\mathbb{R}$-일차독립인 $s(\le n)$개의 원소를 기저로 가지는 자유 $\mathbb{Z}$-모듈이다.*

증명. $\mathbb{R}$-일차독립인 B의 원소로 이루어진 집합 중 원소의 개수가 가장 많은 집합을 $\{e_1, \cdots, e_s\}$ $(s \leq n)$이라고 하자. 집합

$$P = \{x \in \mathbb{R}^n \,|\, x = \sum_{i=1}^{s} \alpha_i e_i, \ \ 0 \leq \alpha_i \leq 1\}$$

는 콤팩트하므로 $P \cap B$는 유한이다.

s가 최대이므로 B의 원소 x는 다음 꼴로 쓸 수 있다.

$$x = \sum_{i=1}^{s} \lambda_i e_i \ \ (\lambda_i \in \mathbb{R}).$$

정수 j에 대하여

$$x_j = jx - \sum_{i=1}^{s} [j\lambda_i] e_i$$

라고 하면

$$x_j = \sum_{i=1}^{s} (j\lambda_i - [j\lambda_i]) e_i$$

이므로 $x_j \in P \cap B$이다. 그런데 $x = x_1 + \sum_{i=1}^{s} [\lambda_i] e_i$이므로 $\mathbb{Z}$-모듈 B는 유한집합 $P \cap B$로부터 생성된다. 또한 $P \cap B$는 유한집합이므로 $x_j = x_k$를 만족시키는 서로 다른 정수 j, k가 있고 이때, $(j-k)\lambda_t = [j\lambda_t] - [k\lambda_t]$이므로 λ_t $(t = 1, \cdots, s)$는 유리수이다. 이제

$$P \cap B = \{b_l = \sum_{i=1}^{s} \lambda_{li} e_i \,|\, \lambda_{li} \in \mathbb{Q}, \ \ l = 1, \cdots, m\}$$

라고 하고 d를 λ_{li} $(l = 1, \cdots, m,\ i = 1, \cdots, s\})$의 공통분모라고 하면

$$dB \subseteq \sum_{i=1}^{s} \mathbb{Z} e_i$$

이다.

정리 2.2.1에 의하여 $\{\alpha_1 f_1, \cdots, \alpha_s f_s\}$ $(\alpha_i \in \mathbb{Z})$이 dB의 기저가 되는 $\sum_{i=1}^{s} \mathbb{Z} e_i$의 기저 $\{f_1, \cdots, f_s\}$가 있다. 그런데 $\{f_1, \cdots, f_s\}$는 $\mathbb{R}$-일차독립이므로 dB는 $\mathbb{R}$-일차독립인 s개의 원소를 기저로 가지는 자유 $\mathbb{Z}$-모듈이

다. 따라서 B도 마찬가지이다. □

제 5 절 유닛 정리

수체 K의 대수적 정수환 A_K의 원소 x가 유닛일 필요충분조건은 다음과 같다.

정리 4.5.1. *수체 K의 대수적 정수환 A_K의 원소 x에 대하여 "x는 유닛이다"와 "$N_{K/\mathbb{Q}}(x) = \pm 1$"은 동치이다.*

증명. x가 A_K의 유닛이면 $\mathrm{N}_{K/\mathbb{Q}}(x)$와 $\mathrm{N}_{K/\mathbb{Q}}(x^{-1})$은 정수이고

$$\mathrm{N}_{K/\mathbb{Q}}(x)\mathrm{N}_{K/\mathbb{Q}}(x^{-1}) = \mathrm{N}_{K/\mathbb{Q}}(xx^{-1}) = 1$$

이므로 $\mathrm{N}_{K/\mathbb{Q}}(x) = \pm 1$이다. 역으로 $\mathrm{N}_{K/\mathbb{Q}}(x) = \pm 1$이라고 가정하자. 수체 K의 차수가 n일 때, K에서 $\mathbb{C}$의 부분체로의 서로 다른 n개의 $\mathbb{Q}$-동형사상 $\sigma_i : K \to \mathbb{C}$ $(i = 1, \cdots, n)$에 대하여

$$\sigma_1(x)\sigma_2(x)\cdots\sigma_n(x) = x\sigma_2(x)\cdots\sigma_n(x) = \pm 1 \ \ (\sigma_1 = \mathrm{id})$$

이므로 x는 유닛이다. □

디리클레(Dirichlet) 유닛 정리는 다음과 같다.

정리 4.5.2 (디리클레)**.** *차수 n인 수체 K의 대수적 정수환 A_K의 유닛들로 이루어진 곱셈군 A^*는 다음과 같은 형태의 유한생성군이다.*

$$A_K^* \cong \mathbb{Z}^r \times G.$$

여기에서 $r = r_1 + r_2 - 1$이고 G는 K 안에 있는 1의 거듭제곱근(root of unity)으로 구성된 유한 순환군(cyclic group)이다.

증명. 함수 $L : K^* \to \mathbb{R}^{r_1+r_2}$을 다음과 같이

$$x \mapsto L(x) = (\log|\sigma_1(x)|, \cdots, \log|\sigma_{r_1+r_2}(x)|)$$

로 정의하면, L은 군 준동형사상이다. $\mathbb{R}^{r_1+r_2}$의 콤팩트 부분집합 C에 대하여

$$C' = L^{-1}(C) \cap A_K^*$$

라고 하면, 다음을 만족시키는 실수 $\alpha > 1$이 있다.

$$\text{모든 } x \in C'\text{에 대하여 } \alpha^{-1} \le |\sigma_i(x)| \le \alpha \;\; (i = 1, \cdots, n).$$

이때 $\sigma_i(x)$의 모든 기본 대칭 다항식(elementary symmetric polynomial)은 유계인 정수값을 가지므로 x를 근으로 가지는 정수계수 다항식은 유한개이다. 따라서 C'은 유한집합이다.

이제 $G = \ker(L) \cap A_K^*$라고 하면 유한 곱셈군 G는 K 안에 있는 1의 거듭제곱근으로 구성된 유한 순환군임을 알 수 있다. 또한 $L(A_K^*)$는 $\mathbb{R}^{r_1+r_2}$의 이산 부분군이므로 계수가 $s \le r_1 + r_2$인 자유 $\mathbb{Z}$-모듈이다(정리 4.4.1). 따라서

$$A_K^* \cong L(A_K^*) \times G \cong \mathbb{Z}^s \times G$$

이다. 그런데 정리 4.5.1에 의하여 $x \in A_K^*$는

$$\pm 1 = \mathrm{N}_{K/\mathbb{Q}}(x) = \prod_{i=1}^{n} \sigma_i(x) = \prod_{i=1}^{r_1} \sigma_i(x) \prod_{j=r_1+1}^{r_1+r_2} \sigma_j(x)\overline{\sigma_j(x)}$$

를 만족시키므로 $L(x) = (y_1, \cdots, y_{r_1+r_2})$는 다음과 같이 정의된 초곡면 H에 있다.

$$H = \{(y_1, \cdots, y_{r_1+r_2}) \in \mathbb{R}^{r_1+r_2} \mid \sum_{i=1}^{r_1} y_i + 2 \sum_{j=r_1+1}^{r_1+r_2} y_j = 0\}.$$

따라서 $L(A_K^*)$는 H의 이산 부분군이고 $s \le r_1 + r_2 - 1$이다.

이제 $s \ge r_1 + r_2 - 1$임을 보이자. 만약에 $s < r_1 + r_2 - 1$이면 A_K^*의 모든 원소 u에 대하여 $f(L(u)) = 0$을 만족시키는 0이 아닌 일차 형식(linear form) $f : H \to \mathbb{R}$가 있다. 따라서 임의의 0이 아닌 일차 형식 $f : H \to \mathbb{R}$에 대하여 $f(L(u)) \ne 0$인 $u \in A_K^*$가 항상 존재함을 보이면 된다. 일차 형식 $f : H \to \mathbb{R}$와 벡터 $y = (y_1, \cdots, y_{r_1+r_2}) \in H$에 대하여 $f(y)$를 다음과 같이 표시하자.

$$f(y) = c_1 y_1 + \cdots + c_r y_r \;\; (c_i \in \mathbb{R}).$$

먼저 고정된 실수 $\alpha \geq 2^{n-r_1}(\frac{1}{2\pi})^{r_2}|d_K|^{1/2}$와 임의의 $\lambda = (\lambda_1, \cdots, \lambda_r)$ (λ_i는 양의 실수)에 대하여

$$\prod_{i=1}^{r_i} \lambda_i \prod_{j=r_1+1}^{r_1+r_2} \lambda_j^2 = \alpha$$

를 만족시키는 양의 실수 λ_{r+1}을 하나 선택하고 $\mathbb{R}^{r_1} \times \mathbb{C}^{r_2}$의 부분집합 B를 다음과 같이

$$B = \{(y_1, \cdots, y_{r_1}, z_1, \cdots, z_{r_2}) \in \mathbb{R}^{r_1} \times \mathbb{C}^{r_2} \mid |y_i| \leq \lambda_i,\ \ |z_j| \leq \lambda_{j+r_1}\}$$

으로 정의하면, B는 콤팩트, 볼록, 원점에 대칭이고

$$\mu(B) = \prod_{i=1}^{r_1} 2\lambda_i \prod_{j=r_1+1}^{r_1+r_2} \pi\lambda_j^2 = 2^{r_1}\pi^{r_2}\alpha \geq 2^{n-r_2}|d_K|^{1/2}$$

이다. 따라서 따름정리 4.1.3과 정리 4.3.2에 의하여 A_K에는 다음을 만족시키는 0이 아닌 원소 x_λ가 있다.

$$\sigma(x_\lambda) \in B.$$

즉 $\lambda_{j+r_2} = \lambda_j$ $(j = r_1 + 1, \cdots, r_1 + r_2)$라고 하면 $|\sigma_i(x_\lambda)| \leq \lambda_i$ $(i = 1, \cdots, n)$이다. 그런데

$$1 \leq |\mathrm{N}_{K/\mathbb{Q}}(x_\lambda)| = \prod_{i=1}^{n} |\sigma_i(x_\lambda)| \leq \prod_{i=1}^{r_1} \lambda_i \prod_{j=r_1+1}^{r_1+r_2} \lambda_j^2 = \alpha$$

이므로

$$|\sigma_i(x_\lambda)| = |\mathrm{N}_{K/\mathbb{Q}}(x_\lambda)| \prod_{j \neq i} |\sigma_j(x_\lambda)|^{-1} \geq \prod_{j \neq i} \lambda_j^{-1} = \lambda_i\alpha^{-1}$$

이다. 따라서

$$\lambda_i\alpha^{-1} \leq |\sigma_i(x_\lambda)| \leq \lambda_i \ \ (i = 1, \cdots, n)$$

이고

$$0 \leq \log\lambda_i - \log|\sigma_i(x_\lambda)| \leq \log\alpha$$

이다. 그런데 $f(L(x_\lambda)) = \sum_{i=1}^{r} c_i \log|\sigma_i(x_\lambda)|$이므로

$$|f(L(x_\lambda)) - \sum_{i=1}^{r} c_i \log \lambda_i| \le (\sum_{i=1}^{r} |c_i|) \log \alpha \tag{4.2}$$

이다.

이제 고정된 실수 $\beta > (\sum_{i=1}^{r} |c_i|) \log \alpha$와 임의의 자연수 h에 대하여 다음을 만족시키는 r개의 양의 실수 $\lambda_{i,h}$ $(i = 1, \cdots, r)$을 선택하자.

$$\sum_{i=1}^{r} c_i \log \lambda_{i,h} = 2\beta h.$$

식 (4.2)에 의해서 $\lambda(h) = (\lambda_{1,h}, \cdots, \lambda_{r,h})$와 이에 대응하는 A_K의 원소 $x_{\lambda(h)}$는

$$|f(L(x_{\lambda(h)})) - 2\beta h| \le \beta$$

를 만족시키므로

$$(2h-1)\beta < f(L(x_{\lambda(h)})) < (2h+1)\beta$$

이다. 따라서 $f(L(x_{\lambda(h)}))$는 모두 다른 수이다. 그런데 $|\mathrm{N}(x_{\lambda(h)})| \le \alpha$이므로 $A_K x_{\lambda(h)} = A_K x_{\lambda(k)}$, 즉 $x_{\lambda(h)} = u x_{\lambda(k)}$ $(u \in A_K^*)$를 만족시키는 자연수 h, k가 있다. 따라서 $f(L(u)) = f(L(x_{\lambda(h)})) - f(L(x_{\lambda(k)})) \ne 0$이다. □

디리클레 유닛 정리에 의해서 차수 n인 수체 K의 대수적 정수환 A_K에는 모든 유닛 u를

$$u = \zeta^{n_0} u_1^{n_1} \cdots u_r^{n_r} \quad (0 \le n_0 \le m,\ n_i \in \mathbb{Z})$$

과 같은 꼴로 나타낼 수 있는 1의 m 거듭제곱근(m-th root of unity) ζ와 무한 위수(order)를 가지는 $r = r_1 + r_2 - 1$개의 유닛 $u_1, \cdots, u_r$이 있다. 이때 $\{u_1, \cdots, u_r\}$을 K의 **기본유닛 시스템**(fundamental system of units)이라고 부른다. 그리고 행렬

$$(l_i \log|\sigma_i(u_j)|)_{1 \le i,j \le r}$$

$(1 \le i \le r_1$이면 $l_i = 1$이고 $r_1 + 1 \le i \le r$이면 $l_i = 2)$의 행렬식의 절댓값

을 K의 **레귤레이터**(regulator)라고 부르고 R_K로 표시한다.

보기 4.5.3. 허이차체 $K = \mathbb{Q}(\sqrt{d})$ (d는 제곱인수가 없는 음의 정수)에서 $r_1 = 0$, $r_2 = 1$이므로 $r = 0$이다. 따라서 A_K의 유닛은 1의 거듭제곱근뿐이다.

보기 4.5.4. 실이차체 $K = \mathbb{Q}(\sqrt{d})$ (d는 제곱인수가 없는 양의 정수)에서 $r_1 = 2$, $r_2 = 0$이므로 $r = 1$이다. 따라서 A_K^*은 $\langle -1 \rangle \times \langle \epsilon \rangle$ 꼴이다. 이때, $\{\epsilon, -\epsilon, \frac{1}{\epsilon}, -\frac{1}{\epsilon}\}$의 원소 중에서 1보다 큰 원소는 정확히 하나이고 그 원소를 **기본유닛**(fundamental unit)이라고 부르고 ϵ_K로 표시한다. 이때, R_K는 $\log(\epsilon_K)$이다.

이제 실이차체의 기본유닛을 계산하는 방법을 알아보자. $d \equiv 2$ or $3 \pmod 4$일 때, 실이차체 $K = \mathbb{Q}(\sqrt{d})$의 대수적 정수환은 $\mathbb{Z}[\sqrt{d}]$이다. 기본유닛을 $a_1 + b_1\sqrt{d}$ (a_1, $b_1 > 0$)라고 하고

$$a_n + b_n\sqrt{d} = (a_1 + b_1\sqrt{d})^n \quad (n \geq 1)$$

라고 하면 (a_n, b_n)은 $a^2 - db^2 = \pm 1$의 모든 자연수 해이다. 그런데

$$b_{n+1} = a_1 b_n + b_1 a_n \quad (a_1, b_1, a_n, b_n > 0)$$

이므로 (b_n)은 순증가수열이다. 따라서 dv^2 ($v = 1, 2, 3, \cdots$) 중 어떤 자연수의 제곱과의 차가 ± 1이 되는 첫 번째 v를 b_1이라고 하고 a_1을 $a_1^2 - db_1^2 = \pm 1$을 만족시키는 자연수라고 하면 $a_1 + b_1\sqrt{d}$가 기본유닛이다. 예를 들어 $d = 7$일 때, dv^2 ($v = 1, 2, 3, \cdots$)은 $7, 28, 63 = 64 - 1, \cdots$ 이므로 $8 + 3\sqrt{7}$이 실이차체 $\mathbb{Q}(\sqrt{7})$의 기본유닛이다. $d \equiv 1 \pmod 4$일 때도 같은 방법으로 기본유닛을 계산할 수 있다.

연습문제 4.5.5. 실이차체 $\mathbb{Q}(\sqrt{5})$, $\mathbb{Q}(\sqrt{11})$, $\mathbb{Q}(\sqrt{15})$, $\mathbb{Q}(\sqrt{17})$의 기본유닛을 구하라.

제 6 절 가우스 추측

가우스(Gauss [Ga])는 이차체 $K = \mathbb{Q}(\sqrt{d})$의 유수 h_K에 관하여 다음과 같은 추측을 하였다.

허이차체의 유수에 관한 추측. *$d_K \to -\infty$일 때, $h_K \to \infty$이다. 특별히 $h_K = 1$인 허이차체 K는 정확히 다음과 같이 9개이다.*

$$d_K = -3, -4, -7, -8, -11, -19, -43, -67, -163.$$

실이차체의 유수에 관한 추측. *$h_K = 1$인 실이차체 K는 무한히 많다.*

하일브론(Heilbronn [He])과 지겔(Siegel [Si])은 서로 독립적으로 디리클레 L-함수(6장 참조)와 유수 공식(6장 참조)을 이용하여 다음 정리를 얻었다.

정리 4.6.1 (하일브론, 지겔)**.** *K가 이차체일 때, 임의의 실수 $\delta > 0$에 대하여 다음을 만족시키는 상수 $c(\delta)$가 존재한다.*

$$c(\delta)|d_K|^{1/2-\delta} \le \begin{cases} h_K & (d_K < 0) \\ h_K \log(\epsilon_K) & (d_K > 0). \end{cases}$$

정리 4.6.1로부터 허이차체의 유수에 관한 가우스의 첫 번째 추측이 참임을 알 수 있다. 그러나 실이차체의 경우에는 레귤레이터 $\log(\epsilon_K)$ 때문에 같은 주장을 할 수 없다. 허이차체의 유수에 관한 가우스의 두 번째 추측은 베이커(Baker [Ba])와 스타크(Stark [St])에 의해서 독립적으로 해결되었다. 그러나 실이차체의 유수에 관한 추측은 아직 미해결 상태이다.

한편 주어진 자연수 n에 대하여 $h_K = n$인 허이차체 K를 모두 찾는 문제를 **가우스 유수 문제**라고 부른다. 정리 4.6.1은 상수 $c(\delta)$의 존재성을 알려주지만 구체적인 값을 계산할 수 있는 방법을 알려주지 않는다. 따라서 정리 4.6.1을 가우스 유수 문제에 적용할 수 없었다. 그러나 디리클레 L-함수에 관한 골드펠트(Goldfeld [Go])의 결과와 타원곡선(2부 참조)의 하세-베유 L-함수(12장 참조)의 미분에 관한 그로스와 자기어(Gross, Zagier [GZ])의 결과로부터 얻은 다음 정리는 가우스 유수 문제를 완전히 해결하였다고 할 수 있다.

정리 4.6.2 (골드펠트, 그로스-자기어)**.** *K가 허이차체일 때, 임의의 실수 $\delta > 0$에 대하여 다음을 만족시키는 계산가능한 상수 $c(\delta)$가 존재한다.*

$$h_K \ge c(\delta)(\log|d_K|)^{1-\delta} \quad (d_K < 0).$$

제 5 장

소수 아이디얼의 분해

수체 K의 대수적 정수환을 A라고 하고 K의 차수 n인 확대체 L의 대수적 정수환을 B라고 하면 A의 0이 아닌 소수 아이디얼 $\mathfrak{p}$로 생성되는 B의 아이디얼 $\mathfrak{p}B$는 B의 서로 다른 소수 아이디얼 $\mathfrak{P}_i$의 곱으로 다음과 같이 분해된다(정리 3.2.1, 3.3.1).

$$\mathfrak{p}B = \prod_{i=1}^{g} \mathfrak{P}_i^{e_i} \quad (e_i \in \mathbb{N}).$$

이때 e_i를 L/K에서 소수 아이디얼 $\mathfrak{P}_i$의 **분기지표**(ramification index)라고 부르고 확대체의 차수 $f_i = [B/\mathfrak{P}_\mathrm{i} : A/\mathfrak{p}]$를 L/K에서 소수 아이디얼 $\mathfrak{P}_i$의 **잉여차수**(residue degree)라고 부른다. 이 장에서는

$$\sum_{i=1}^{g} e_i f_i = n$$

을 보이고, e_i 중 적어도 하나가 1보다 큰 A의 소수 아이디얼 $\mathfrak{p}$는 유한개임을 보인다.

제 1 절　분수환

정역 A의 분수체를 K라고 할 때, 곱셈에 닫혀 있고 1을 포함하는 $A-$

$\{0\}$의 부분집합 S에 대하여 K의 부분집합

$$S^{-1}A := \{a/s \in K \mid a \in A \ \ s \in S\}$$

은 덧셈 $a/s + a'/s' = (as' + a's)/ss'$ 과 곱셈 $(a/s)(a'/s') = aa'/ss'$ 에 관하여 가환환이다. 이때, $S^{-1}A$를 S에 관한 A의 **분수환**(ring of fractions)이라고 부른다. 예를 들어 $S = A - \{0\}$일 때 $S^{-1}A = K$이다.

정리 5.1.1. *A는 정역이고 S는 곱셈에 닫혀 있고 1을 포함하는 $A - \{0\}$의 부분집합일 때, $A' = S^{-1}A$라고 하자.*

(1) 함수

$$\theta : \{A'\text{의 아이디얼}\} \to \{A\text{의 아이디얼}\}, \ \ \mathfrak{a}' \mapsto \mathfrak{a}' \cap A$$

는 단사 함수이고 $\mathfrak{a}' \subseteq \mathfrak{b}'$이면 $\theta(\mathfrak{a}') \subseteq \theta(\mathfrak{b}')$이다.

(2) $\mathfrak{p}'$이 A'의 소수 아이디얼이면 $\mathfrak{p} = \mathfrak{p}' \cap A$는 $\mathfrak{p} \cap S = \emptyset$인 A의 소수 아이디얼이다. 이때, 함수

$$\begin{array}{cccc} \theta : \{A'\text{의 소수 아이디얼}\} & \to & \{\mathfrak{p} \cap S = \emptyset\text{인 } A\text{의 소수 아이디얼 } \mathfrak{p}\} \\ \mathfrak{p}' & \mapsto & \mathfrak{p}' \cap A \end{array}$$

는 전단사 함수이고 역함수는 $\mathfrak{p} \mapsto \mathfrak{p}A'$이다.

증명. (1) $\mathfrak{a}'$이 A'의 아이디얼일 때, $(\mathfrak{a}' \cap A)A' = \mathfrak{a}'$을 보이면 된다. 먼저 $\mathfrak{a}'$은 A'의 아이디얼이므로 $(\mathfrak{a}' \cap A)A' \subseteq \mathfrak{a}'$임을 쉽게 알 수 있다. 이제 $\mathfrak{a}' \subseteq (\mathfrak{a}' \cap A)A'$을 보이자. $x = a/s \in \mathfrak{a}'$ $(a \in A,\ s \in S)$일 때, $sx \in \mathfrak{a}'$이므로 $a \in \mathfrak{a}' \cap A$이다. 따라서 $x = a/s \in (\mathfrak{a}' \cap A)A'$이고 $\mathfrak{a}' \subseteq (\mathfrak{a}' \cap A)A'$이다.

(2) $\mathfrak{p}'$이 A'의 소수 아이디얼일 때, $\mathfrak{p} = \mathfrak{p}' \cap A$는 A의 소수 아이디얼이고 $s \in \mathfrak{p} \cap S$이면 $1 \in \mathfrak{p}'$이므로 $\mathfrak{p} \cap S = \emptyset$이다. 이제 $\mathfrak{p}$가 $\mathfrak{p} \cap S = \emptyset$을 만족시키는 A의 소수 아이디얼일 때, $\mathfrak{p}A'$은 A'의 소수아이디얼이고 $\mathfrak{p}A' \cap A = \mathfrak{p}$임을 보이면 된다.

$\mathfrak{p} \cap S = \emptyset$이므로 $1 \notin \mathfrak{p}A'$이다. $a/s,\ b/t \in A'$ $(a, b \in A,\ s, t \in S)$이 $(a/s)(b/t) \in \mathfrak{p}A'$을 만족시킬 때, $(a/s)(b/t) = p/u$ $(p \in \mathfrak{p},\ u \in S)$라고 하면 $abu = pst \in \mathfrak{p}$이다. $\mathfrak{p} \cap S = \emptyset$이므로 $u \notin \mathfrak{p}$이고 $ab \in \mathfrak{p}$이다. 따라서

$a \in \mathfrak{p}$ 또는 $b \in \mathfrak{p}$이고 $a/s \in \mathfrak{p}A'$ 또는 $b/t \in \mathfrak{p}A'$이다. 즉 $\mathfrak{p}A'$은 소수 아이디얼이다.

$\mathfrak{p} \subseteq \mathfrak{p}A' \cap A$는 당연하다. $x = p/s \in \mathfrak{p}A' \cap A$ ($p \in \mathfrak{p}$, $s \in S$)일 때, $sx = p \in \mathfrak{p}$이므로 $x \in \mathfrak{p}$이다. 따라서 $\mathfrak{p}A' \cap A \subset \mathfrak{p}$이다. □

정리 5.1.1의 (1)로부터 다음 따름정리를 쉽게 얻는다.

따름정리 5.1.2. *A가 뇌터환이면 $S^{-1}A$도 뇌터환이다.*

정리 5.1.3. *A는 정역인 R의 부분환, S는 곱셈에 닫혀 있고 1을 포함하는 $A - \{0\}$의 부분집합, B는 R 안에서 A의 정수적 닫힘일 때, $S^{-1}R$ 안에서 $S^{-1}A$의 정수적 닫힘은 $S^{-1}B$이다.*

증명. $b/s \in S^{-1}B$ ($b \in B$, $s \in S$)일 때,

$$b^n + a_{n-1}b^{n-1} + \cdots + a_0 = 0 \quad (a_i \in A)$$

이므로

$$(\frac{b}{s})^n + \frac{a_{n-1}}{s}(\frac{b}{s})^{n-1} + \cdots + \frac{a_0}{s^n} = 0$$

이다. 따라서 b/s는 $S^{-1}A$ 위에서 정수적이다.

$x/s \in S^{-1}R$ ($x \in R$, $s \in S$)가 $S^{-1}A$ 위에서 정수적일 때,

$$(\frac{x}{s})^n + \frac{a_{n-1}}{t_{n-1}}(\frac{x}{s})^{n-1} + \cdots + \frac{a_0}{t_0} = 0 \quad (a_i \in A,\ t_i \in S)$$

이므로 $xt_0 \cdots t_{n-1}/s$는 A 위에서 정수적이다. 따라서

$$xt_0 \cdots t_{n-1}/s \in B$$

이고

$$x/s = (1/t_0 \cdots t_{n-1})(xt_0 \cdots t_{n-1}/s) \in S^{-1}B$$

이다. □

정리 5.1.3으로부터 다음 따름정리를 쉽게 얻는다.

따름정리 5.1.4. *A가 정수적으로 닫힌 정역이면 $S^{-1}A$도 정수적으로 닫힌 정역이다.*

정리 5.1.5. *A가 데데킨트 정역이면 $S^{-1}A$도 데데킨트 정역이다.*

증명. 따름정리 5.1.2에 의하여 $S^{-1}A$는 뇌터환이고 따름정리 5.1.4에 의하여 $S^{-1}A$는 정수적으로 닫혀 있고 정리 5.1.1에 의하여 $S^{-1}A$의 0이 아닌 모든 소수 아이디얼은 극대 아이디얼이다. □

정리 5.1.6. *A가 데데킨트 정역이고 $\mathfrak{p}$가 A의 소수 아이디얼이면*

$$S = A - \mathfrak{p}$$

는 곱셈에 닫혀 있고 1을 포함하는 $A-\{0\}$의 부분집합이다. 이때 $S^{-1}A$은 주 아이디얼 정역이고 $\mathfrak{p}S^{-1}A$은 $S^{-1}A$의 0이 아닌 유일한 소수 아이디얼이다.

증명. $\mathfrak{p} \cap S = \emptyset$인 A의 0이 아닌 소수 아이디얼은 $\mathfrak{p}$뿐이므로 $S^{-1}A$의 0이 아닌 소수 아이디얼은 $\mathfrak{P} = \mathfrak{p}S^{-1}A$뿐이다(정리 5.1.1). $S^{-1}A$는 데데킨트 정역이므로(정리 5.1.5) $S^{-1}A$의 0이 아닌 아이디얼은 $\mathfrak{P}^n$ $(n \geq 0)$ 꼴이다. $p \in \mathfrak{P} - \mathfrak{P}^2$일 때, $(p) = \mathfrak{P}$이므로 $S^{-1}A$는 주 아이디얼 정역이다. □

정리 5.1.7. *A는 정역, S는 곱셈에 닫혀 있고 1을 포함하는 $A-\{0\}$의 부분집합, $\mathfrak{m}$은 $\mathfrak{m} \cap S = \emptyset$인 A의 극대 아이디얼일 때,*

$$S^{-1}A/\mathfrak{m}S^{-1}A \cong A/\mathfrak{m}$$

이다.

증명. 환 준동형사상

$$A \hookrightarrow S^{-1}A \to S^{-1}A/\mathfrak{m}S^{-1}A$$

의 커널(kernel)은 $\mathfrak{m}S^{-1}A \cap A = \mathfrak{m}$이므로 환 준동형사상

$$\phi : A/\mathfrak{m} \to S^{-1}A/\mathfrak{m}S^{-1}A$$

는 단사이다. 이제 ϕ가 전사임을 보이자.

$x = a/s \in S^{-1}A$ $(a \in A,\ s \in S)$일 때, $s \notin \mathfrak{m}$이고 m은 극대이므로 $bs \equiv 1 \pmod{\mathfrak{m}}$을 만족시키는 $b \in A$가 있다. 따라서

$$\frac{a}{s} - ab = \frac{a}{s}(1 - bs) \in \mathfrak{m}S^{-1}A$$

이고 $\phi(ab) \equiv x \pmod{\mathfrak{m}S^{-1}A}$이다. □

연습문제 5.1.8. 수체 K의 대수적 정수환을 A_K, 유군을

$$\mathcal{C}_K = \{C_1, \cdots, C_{h_K}\}$$

라고 할 때, A_K의 아이디얼 $\mathfrak{a}_i \in C_i$에서 0이 아닌 원소 a_i를 하나씩 선택해서 $a = a_1 \cdots a_{h_K}$라고 하고 $S = \{1, a, a^2, \cdots\}$라고 하면 $S^{-1}A_K$는 주 아이디얼 정역이고 $(S^{-1}A_K)^*$는 유한생성군임을 보여라.

제 2 절 확대체에서 소수 아이디얼의 분해

간단한 경우를 먼저 살펴보자.

보기 5.2.1. p는 소수이고 B는 차수 n인 수체 L의 대수적 정수환이라 할 때, $\mathbb{Z}$의 소수 아이디얼 (p)에 대하여 $(p)B = Bp = \prod_{i=1}^{g} \mathfrak{P}_i^{e_i}$ $(e_i \in \mathbb{N}$, $\mathfrak{P}_i$는 B의 서로 다른 소수 아이디얼)라고 하면 정리 4.2.2, 4.2.3에 의하여

$$p^n = \mathrm{N}_{L/\mathbb{Q}}(p) = \mathrm{N}(Bp) = \prod_{i=1}^{g} \mathrm{N}(\mathfrak{P}_i)^{e_i} = \prod_{i=1}^{g} (p^{f_i})^{e_i}$$

이므로 $\sum_{i=1}^{g} e_i f_i = n$이다.

이제 A는 데데킨트 정역, K는 A의 분수체, L은 K의 유한 분해 가능 확대체이고 B는 L 안에서 A의 정수적 닫힘이라고 하자. 정리 3.3.1에 의해서 B는 데데킨트 정역이므로 정리 3.2.1에 의해서 A의 0이 아닌 소수 아이디얼 $\mathfrak{p}$로 생성되는 B의 아이디얼 $\mathfrak{p}B$는 B의 서로 다른 소수 아이디얼 $\mathfrak{P}_i$의 곱으로 다음과 같이 분해된다.

$$\mathfrak{p}B = \prod_{i=1}^{g} \mathfrak{P}_i^{e_i} \quad (e_i \in \mathbb{N}).$$

$\mathfrak{P}$가 B의 소수 아이디얼일 때, "$\mathfrak{P} \cap A = \mathfrak{p}$"와 "$\mathfrak{P} \supset \mathfrak{p}B$"는 동치이므로

$$\{\mathfrak{P}_1, \cdots, \mathfrak{P}_g\} = \{\mathfrak{P} \,|\, \mathfrak{P} \cap B = \mathfrak{p}\text{인 } B\text{의 소수 아이디얼}\}$$

이고 $B/\mathfrak{P}_i$ $(i = 1, \cdots, g)$는 $A/\mathfrak{p}$의 확대체이다.

정리 5.2.2. *A는 데데킨트 정역, K는 A의 분수체, L은 K의 차수 n인 분해 가능 확대체이고 B는 L 안에서 A의 정수적 닫힘일 때, A의 0이 아닌 소수 아이디얼 $\mathfrak{p}$에 대하여 $\mathfrak{p}B = \prod_{i=1}^{g} \mathfrak{P}_i^{e_i}$ ($e_i \in \mathbb{N}$, $\mathfrak{P}_i$는 B의 서로 다른 소수 아이디얼)라고 하면*

$$\sum_{i=1}^{g} e_i f_i = n$$

이다.

증명. $\mathfrak{p}B \cap A = \mathfrak{p}$이므로 $B/\mathfrak{p}B$는 $A/\mathfrak{p}$-벡터공간이다. 먼저

$$\sum_{i=1}^{g} e_i f_i = \dim_{A/\mathfrak{p}}(B/\mathfrak{p}B)$$

을 보이자. 아이디얼의 수열

$$B \supset \mathfrak{P}_1 \supset \mathfrak{P}_1^2 \supset \cdots \supset \mathfrak{P}_1^{e_1} \supset \mathfrak{P}_1^{e_1}\mathfrak{P}_2 \supset \cdots \supset \mathfrak{P}_1^{e_1}\mathfrak{P}_2^{e_2} \supset \cdots \supset \mathfrak{P}_1^{e_1} \cdots \mathfrak{P}_g^{e_g} = \mathfrak{p}B$$

에서 연속하는 두 항은 $\mathfrak{B}$, $\mathfrak{B}\mathfrak{P}_i$ 꼴이다. 이때, $\mathfrak{B}\mathfrak{P}_i \subset \mathfrak{B}' \subset \mathfrak{B}$을 만족시키는 B의 아이디얼 $\mathfrak{B}'$이 없으므로 $\mathfrak{B}/\mathfrak{B}\mathfrak{P}_i$은 차원이 1인 $B/\mathfrak{P}_i$-벡터공간, 즉 차원이 f_i인 $A/\mathfrak{p}$-벡터공간이다. 따라서 $B/\mathfrak{p}B$는 차원이 $\sum_{i=1}^{g} e_i f_i$인 $A/\mathfrak{p}$-벡터공간이다.

A가 주 아이디얼 정역이면 B는 계수 n인 자유 A-모듈이다(정리 2.2.1, 2.3.1). 따라서 $\dim_{A/\mathfrak{p}}(B/\mathfrak{p}B) = n$이고 증명이 끝난다. 이제 A가 주 아이디얼 정역이 아니라고 가정하자. $S = A - \mathfrak{p}$일 때, 분수환 $A' = S^{-1}A$는 $\mathfrak{p}A'$을 유일한 소수 아이디얼로 가지는 주 아이디얼 정역이고(정리 5.1.6), $B' = S^{-1}B$는 L 안에서 A'의 정수적 닫힘이다(정리 5.1.3). 따라서 B'은 계수 n인 자유 A'-모듈이고 $\dim_{A'/\mathfrak{p}A'}(B'/\mathfrak{p}B') = n$이다. 그리고

$$\mathfrak{p}B = \prod_{i=1}^{g} \mathfrak{P}_i^{e_i}$$

이므로

$$\mathfrak{p}B' = \prod_{i=1}^{g} (\mathfrak{P}_i B')^{e_i}$$

이다. 그런데 $\mathfrak{P}_i \cap A = \mathfrak{p}$이므로 $\mathfrak{P}_i \cap S = \emptyset$이고 $\mathfrak{P}_i B'$는 B'의 0이 아닌 소수 아이디얼이다(정리 5.1.1). 따라서

$$\sum_{i=1}^{g} e_i [B'/\mathfrak{P}_i B' : A'/\mathfrak{p}A'] = \dim_{A'/\mathfrak{p}A'}(B'/\mathfrak{p}B') = n$$

이다. 그런데 $A'/\mathfrak{p}A' \cong A/\mathfrak{p}$이고 $B'/\mathfrak{P}_i B' \cong B/\mathfrak{P}_i$(정리 5.1.7)이므로

$$\sum_{i=1}^{g} e_i f_i = n$$

이다. □

보기 5.2.3. 이차체 $L = \mathbb{Q}(\sqrt{d})$ (d는 제곱인수가 없는 정수)에서 $\mathbb{Z}$의 소수 아이디얼 (p) (p는 소수)의 분해는 다음 세 가지 꼴이다.

$$(p) = \begin{cases} \mathfrak{P}_1 \mathfrak{P}_2 & (e_1 = e_2 = f_1 = f_2 = 1), \\ \mathfrak{P}^2 & (e = 2, f = 1), \\ \mathfrak{P} & (e = 1, f = 2). \end{cases}$$

제 3 절 갈루아 확대체에서 소수 아이디얼의 분해

먼저 보조정리 5.3.1로부터 시작하자.

보조정리 5.3.1. *환 A의 아이디얼 $\mathfrak{a}_i$ $(1 \le i \le g)$가 $\mathfrak{a}_i + \mathfrak{a}_j = A$ $(i \ne j)$를 만족시키면*

$$A/\mathfrak{a}_1 \cdots \mathfrak{a}_g \cong \prod_{i=1}^{g} A/\mathfrak{a}_i$$

이다.

증명. 먼저 $g = 2$인 경우를 증명하자. $\mathfrak{a}_1 + \mathfrak{a}_2 = A$이므로 $a_1 + a_2 = 1$을 만족시키는 $a_1 \in \mathfrak{a}_1$, $a_2 \in \mathfrak{a}_2$가 있다. $x \in \mathfrak{a}_1 \cap \mathfrak{a}_2$일 때, $x = a_1 x + a_2 x \in \mathfrak{a}_1\mathfrak{a}_2$이므로 $\mathfrak{a}_1 \cap \mathfrak{a}_2 \subseteq \mathfrak{a}_1\mathfrak{a}_2$이다. 또한 $\mathfrak{a}_1\mathfrak{a}_2 \subseteq \mathfrak{a}_1 \cap \mathfrak{a}_2$이므로 $\mathfrak{a}_1\mathfrak{a}_2 = \mathfrak{a}_1 \cap \mathfrak{a}_2$이다. 환 준동형사상 $A \to A/\mathfrak{a}_1 \times A/\mathfrak{a}_2$, $a \mapsto (a + \mathfrak{a}_1, a + \mathfrak{a}_2)$의 커널은 $\mathfrak{a}_1 \cap \mathfrak{a}_2 = \mathfrak{a}_1\mathfrak{a}_2$이므로 단사 준동형사상

$$\theta : A/\mathfrak{a}_1\mathfrak{a}_2 \to A/\mathfrak{a}_1 \times A/\mathfrak{a}_2$$

가 있다. 그런데 $y, z \in A$일 때, $a_1 + a_2 = 1$을 만족시키는 $a_1 \in \mathfrak{a}_1$, $a_2 \in \mathfrak{a}_2$에 대하여 $x = a_1 z + a_2 y$라고 하면

$$x \equiv a_2 y \equiv (1 - a_1)y \equiv y - a_1 y \equiv y \pmod{\mathfrak{a}_1}$$

이고 $x \equiv z \pmod{\mathfrak{a}_2}$이므로 θ는 전사이다.

이제 $g > 2$라고 가정하고 g에 대한 수학적 귀납법으로 증명하자.

$$\mathfrak{a}_1 + \mathfrak{a}_i = A \ (i \geq 2)$$

이므로 $a_{1i} + a_i = 1$을 만족시키는 $a_{1i} \in \mathfrak{a}_1$, $a_i \in \mathfrak{a}_i$가 있다. 따라서

$$1 = \prod_{i=1}^{g}(a_{1i} + a_i) = a_1 + a_2 \cdots a_g \quad (a_1 \in \mathfrak{a}_1)$$

이고 $\mathfrak{a}_1 + \mathfrak{a}_2 \cdots \mathfrak{a}_g = A$이므로

$$A/\mathfrak{a}_1 \cdots \mathfrak{a}_n \cong A/\mathfrak{a}_1 \times A/\mathfrak{a}_2 \cdots \mathfrak{a}_n$$

이다. 끝으로 귀납법적 가정에 의하여

$$A/\mathfrak{a}_2 \cdots \mathfrak{a}_n \cong \prod_{i=2}^{g} A/\mathfrak{a}_i$$

이므로

$$A/\mathfrak{a}_1 \cdots \mathfrak{a}_g \cong \prod_{i=1}^{g} A/\mathfrak{a}_i$$

이다. □

정리 5.3.2. *A는 데데킨트 정역, K는 A의 분수체, L은 K의 차수 n인 갈루아(Galois) 확대체이고 B는 L 안에서 A의 정수적 닫힘일 때, A의 0이 아닌 소수 아이디얼 $\mathfrak{p}$에 대하여 $\mathfrak{p}B = \prod_{i=1}^{g} \mathfrak{P}_i^{e_i}$ $(e_i \in \mathbb{N}, \mathfrak{P}_i$는 B의 서로 다른 소수 아이디얼$)$라고 하면 $e_1 = e_2 = \cdots = e_g =: e$이고 $f_1 = f_2 = \cdots = f_g =: f$이다. 따라서*

$$efg = n$$

이다.

증명. $G(L/K)$를 K 위에서 L의 갈루아군이라고 할 때, $\sigma \in G(L/K)$에 대하여 $\sigma(B) = B$, $\sigma(\mathfrak{p}) = \mathfrak{p}$, $\sigma(\mathfrak{P}_i) = \mathfrak{P}_j$이다. 먼저

$$\{\sigma(\mathfrak{P}_1) \,|\, \sigma \in G(L/K)\} = \{\mathfrak{P}_1, \cdots, \mathfrak{P}_g\}$$

임을 보이자.

$$\{\sigma(\mathfrak{P}_1) \,|\, \sigma \in G(L/K)\} = \{\mathfrak{P}_1, \cdots, \mathfrak{P}_k\} \quad (k < g)$$

일 때,

$$\mathfrak{A} = \prod_{i=1}^{k} \mathfrak{P}_i, \quad \mathfrak{B} = \prod_{j=k+1}^{g} \mathfrak{P}_j$$

라고 하면 모든 $\sigma \in G(L/K)$에 대하여 $\sigma(\mathfrak{A}) = \mathfrak{A}$, $\sigma(\mathfrak{B}) = \mathfrak{B}$이고

$$\mathfrak{p}B = \prod_{i=1}^{g} \mathfrak{P}_i^{e_i} \subseteq \prod_{i=1}^{g} \mathfrak{P}_i = \mathfrak{A}\mathfrak{B} \subseteq \mathfrak{A} \cap \mathfrak{B}$$

이다. $\mathfrak{A} + \mathfrak{B} = B$이므로

$$b \in 0 + \mathfrak{A}, \quad b \in 1 + \mathfrak{B}$$

를 만족시키는 $b \in B$가 있다(보조정리 5.3.1). 따라서

$$\prod_{\sigma \in G(L/K)} \sigma(b) \in K \cap \mathfrak{A} \subseteq \mathfrak{p} \subseteq \mathfrak{B}, \qquad \prod_{\sigma \in G(L/K)} \sigma(b) \in 1 + \mathfrak{B}$$

이고 $1 \in \mathfrak{B}$이다. 이는 $\mathfrak{B} \neq B$에 모순이므로 $k = g$이다.

이제 임의의 i에 대하여 $\sigma(\mathfrak{P}_1) = \mathfrak{P}_i$을 만족시키는 $\sigma \in G(L/K)$가 있음을 안다. $\sigma(\mathfrak{P}_1) = \mathfrak{P}_i$일 때,

$$\mathfrak{p}B = \sigma(\mathfrak{p}B) = \prod_{i=1}^{g} \sigma(\mathfrak{P}_i)^{e_i}$$

이므로 $e_1 = e_i$이다. 또한 $\sigma(B/\mathfrak{P}_1) = B/\mathfrak{P}_i$이므로 $f_1 = f_i$이다. 따라서 $e_1 = \cdots = e_g$이고 $f_1 = \cdots = f_g$이다. □

제 4 절 분기와 판별식

수체 K의 대수적 정수환을 A라고 하고 K의 차수 n인 확대체 L의 대수적 정수환을 B라고 할 때, 집합

$$\{\mathrm{disc}_{L/K}(x_1, \cdots, x_n) \,|\, \{x_1, \cdots, x_n\}\text{은 } L\text{의 } K\text{-기저이고 } x_i \in B\}$$

으로부터 생성되는 A의 아이디얼을 K 위에서 L의 **상대판별식**(relative discriminant)이라고 부르고 $\mathfrak{D}_{L/K}$로 표시한다. 예를 들어 수체 L의 $\mathbb{Q}$ 위에서 상대판별식은 $\mathbb{Z}$의 아이디얼 $\mathfrak{D}_{L/\mathbb{Q}} = (d_L)$이다.

A의 0이 아닌 소수 아이디얼 $\mathfrak{p}$가 B에서 B의 서로 다른 소수 아이디얼 $\mathfrak{P}_i$의 곱으로 다음과 같이

$$\mathfrak{p}B = \prod_{i=1}^{g} \mathfrak{P}_i^{e_i}$$

로 분해될 때, 분기지표 e_i 중 적어도 하나가 1보다 크면 $\mathfrak{p}$가 L에서 **분기**(ramify)한다고 말한다. 분기하는 A의 소수 아이디얼은 유한개임을 보이려면 다음 보조정리가 필요하다.

보조정리 5.4.1. *K는 체이고 L은 K의 차수 n인 분해 가능 확대체일 때, K-선형 사상*

$$x_i : L \to L, \quad y \mapsto x_i y \quad (x_i \in L, \ i = 1, \cdots, n)$$

에 대하여

$$\mathrm{D}(x_1, \cdots x_n) := \det(\mathrm{Tr}(x_i x_j))$$

라고 하면

$$\mathrm{disc}_{L/K}(x_1, \cdots, x_n) = \mathrm{D}(x_1, \cdots, x_n)$$

이다.

증명. $\mathrm{Tr}(x_i x_j) = \mathrm{Tr}_{L/K}(x_i x_j)$이므로(보조정리 4.2.1),

$$\det(\mathrm{Tr}(x_i x_j)) = \det(\mathrm{Tr}_{L/K}(x_i x_j))$$

이다. □

정리 5.4.2. *수체 K의 대수적 정수환을 A라고 하고 L을 K의 유한 확대체라고 할 때, "A의 소수 아이디얼 $\mathfrak{p}$가 L에서 분기한다"와 "$\mathfrak{p} \supseteq \mathfrak{D}_{L/K}$, 즉 $\mathfrak{p} \mid \mathfrak{D}_{L/K}$"는 동치다. 따라서 L에서 분기하는 A의 소수 아이디얼은 유한개이다.*

증명. L을 K의 차수 n인 확대체라고 하고 B를 L의 대수적 정수환이라고 하자. A의 0이 아닌 소수 아이디얼 $\mathfrak{p}$가 B에서 B의 서로 다른 소수 아이디얼 $\mathfrak{P}_i$의 곱으로

$$\mathfrak{p}B = \prod_{i=1}^{g} \mathfrak{P}_i^{e_i}$$

와 같이 분해된다고 하자. 이때 $\mathfrak{P}_i^{e_i} + \mathfrak{P}_j^{e_j} = B$ $(i \neq j)$이므로

$$B/\mathfrak{p}B \cong \prod_{i=1}^{g} B/\mathfrak{P}_i^{e_i}$$

이다(보조정리 5.3.1).

이제 $S = A - \mathfrak{p}$, $A' = S^{-1}A$, $B' = S^{-1}B$, $\mathfrak{p}' = \mathfrak{p}A'$, $\mathfrak{P}_i' = \mathfrak{P}_i B'$이라고 하면 A'은 주 아이디얼 정역, B'은 계수 n인 자유 A'-모듈이다. 그리고 $\mathfrak{p}'B' = \prod_{i=1}^{g} \mathfrak{P}_i'^{e_i}$이므로

$$B'/\mathfrak{p}'B' \cong \prod_{i=1}^{g} B'/\mathfrak{P}_i'^{e_i}$$

이다.

따라서 $\mathfrak{p}$가 B에서 분기하면 $B'/\mathfrak{p}'B'$에 0이 아닌 멱영원(nilpotent element)이 있다. $\bar{x}$를 $B'/\mathfrak{p}'B'$의 0이 아닌 멱영원이라고 하고 $\{\bar{x}_1, \cdots, \bar{x}_n\}$ $(\bar{x}_1 = \bar{x})$를 $B'/\mathfrak{p}'B'$의 $A'/\mathfrak{p}'$-기저라고 하면 $\bar{x}_1\bar{x}_j$ $(1 \le j \le n)$도 멱영원이므로 $\mathrm{Tr}(\bar{x}_1\bar{x}_j) = 0$ $(1 \le j \le n)$이다. 따라서 $\mathrm{D}(\bar{x}_1, \cdots, \bar{x}_n) = 0$이다. L의 임의의 K-기저 $\{y_1, \cdots, y_n\}$ $(y_i \in B)$에 대하여

$$\bar{y}_i = \sum_{j=1}^{n} \bar{a}_{ij}\bar{x}_j \ \ (\bar{a}_{ij} \in A'/\mathfrak{p}')$$

꼴로 쓸 수 있으므로

$$D(\bar{y}_1, \cdots, \bar{y}_n) = \det(\bar{a}_{ij})^2 \mathrm{D}(\bar{x}_1, \cdots, \bar{x}_n) = 0$$

이다. 보조정리 5.4.1에 의하여

$$\mathrm{disc}_{L/K}(y_1, \cdots, y_n) = D(y_1, \cdots, y_n)$$

이므로

$$\overline{\mathrm{disc}_{L/K}(y_1, \cdots, y_n)} = \overline{D(y_1, \cdots, y_n)} = D(\bar{y}_1, \cdots, \bar{y}_n) = 0$$

이다. 따라서

$$\mathrm{disc}_{L/K}(y_1, \cdots, y_n) \in \mathfrak{p}' \cap A = \mathfrak{p}$$

이고 $\mathfrak{D}_{B/A} \subseteq \mathfrak{p}$이다.

이제 $\mathfrak{p}$가 B에서 분기하지 않는다고 가정하면

$$B'/\mathfrak{p}'B' \cong \prod_{i=1}^{g} B'/\mathfrak{P}'_i$$

이다. 이때 $A'/\mathfrak{p}'$의 분해 가능 확대체 $B'/\mathfrak{P}'_i$의 차수를 f_i, 기저를 $(\bar{x}_{i1}, \cdots, \bar{x}_{if_i})$라고 하면

$$D_i = \mathrm{D}(\bar{x}_{i1}, \cdots, \bar{x}_{if_i}) \ne 0$$

이다. 또한

$$(\bar{x}_{11}, \cdots, \bar{x}_{1f_1}, \bar{x}_{21}, \cdots, \bar{x}_{2f_2}, \cdots, \bar{x}_{g1} \cdots \bar{x}_{gf_g}) \ \ (f_1 + \cdots + f_g = n)$$

은 $B'/\mathfrak{p}'B'$의 $A'/\mathfrak{p}'$-기저이고

$$D(\bar{x}_{11}, \cdots, \bar{x}_{gf_g}) = D_1 \cdots D_g \neq 0$$

이다. 따라서 L의 임의의 K-기저 $\{y_1, \cdots, y_n\}$ $(y_i \in B)$에 대하여

$$\overline{\mathrm{disc}_{L/K}(y_1, \cdots, y_n)} \neq 0$$

이고 $\mathfrak{D}_{B/A} \not\subseteq \mathfrak{p}$이다. □

보기 5.4.3. $L = \mathbb{Q}(\sqrt{d})$ (d는 제곱인수가 없는 정수)이 이차체일 때, $\mathbb{Z}$의 소수 아이디얼 (p)의 분해를 살펴보자.

B를 L의 대수적 정수환이라고 하면 $d \equiv 2, 3 \pmod 4$일 때, $B = \mathbb{Z} + \mathbb{Z}\sqrt{d}$이고 $d \equiv 1 \pmod 4$일 때, $B = \mathbb{Z} + \mathbb{Z}\frac{1+\sqrt{d}}{2}$이다(연습문제 2.3.4).

먼저 p가 홀수인 소수일 때부터 살펴보자. b가 홀수이면

$$\mathbb{Z} + \mathbb{Z}\sqrt{d} \ni a + (b+p)\frac{1+\sqrt{d}}{2} \equiv a + b\frac{1+\sqrt{d}}{2} \pmod p$$

이므로

$$B/pB \cong (\mathbb{Z} + \mathbb{Z}\sqrt{d})/(p)$$

이다. 그리고

$$\mathbb{Z} + \mathbb{Z}\sqrt{d} \cong \mathbb{Z}[X]/(X^2 - d)$$

이므로

$$B/pB \cong \mathbb{F}_p[X]/(X^2 - \bar{d})$$

이다($\bar{d}$는 d를 p로 나눌 때 나머지). 따라서 $(\frac{d}{p})$를 르장드르 기호(Legendre symbol)라고 하면

$$(p) = \begin{cases} \mathfrak{P}_1\mathfrak{P}_2, & (\frac{d}{p}) = 1\text{일 때}, \\ \mathfrak{P}^2, & (\frac{d}{p}) = 0\text{일 때}, \\ \mathfrak{P}, & (\frac{d}{p}) = -1\text{일 때} \end{cases}$$

이다.

이제 $p = 2$인 경우를 살펴보자. $d \equiv 2, 3 \pmod 4$이면

$$B/2B \cong \mathbb{F}_2[X]/(X^2 - \bar{d})$$

이고 $X^2 - d \equiv X^2 \pmod 2$ 또는 $X^2 - d \equiv X^2 + 1 \equiv (X+1)^2 \pmod 2$이므로 소수 아이디얼 (2)는 L에서 분기한다. $d \equiv 1 \pmod 4$이면

$$B/2B \cong \mathbb{F}_2[X]/(X^2 - X - \overline{(d-1)/4})$$

이다. $d \equiv 1 \pmod 8$이면 $X^2 - X - \overline{(d-1)/4} \equiv X(X-1) \pmod 2$이므로 소수 아이디얼 (2)는 L에서 서로 다른 2개의 소수 아이디얼로 분해된다. $d \equiv 5 \pmod 8$이면 $X^2 - X - \overline{(d-1)/4} \equiv X^2 + X + 1 \pmod 2$이고 $X^2 + X + 1$는 $\mathbb{F}_2[X]$에서 기약 다항식이므로 소수 아이디얼 (2)는 L에서도 소수 아이디얼이다.

보기 5.4.4. "4로 나눌 때, 나머지가 1인 소수 p는 2개의 제곱수의 합이다"를 보이자.

이차체 $L = \mathbb{Q}(\sqrt{-1})$의 유수는 1이므로(연습문제 4.3.7), L의 대수적 정수환 $B = \mathbb{Z}[\sqrt{-1}]$는 주 아이디얼 정역이다. 또한 소수 p에 대하여 "$p \equiv 1 \pmod 4$"와 "$\left(\frac{-1}{p}\right) = 1$"은 동치이므로 $p \equiv 1 \pmod 4$이면

$$pB = \mathfrak{P}_1\mathfrak{P}_2 = (a + b\sqrt{-1})(a - b\sqrt{-1})$$

을 만족시키는 $a, b \in \mathbb{Z}$가 있다(보기 5.4.3). $p^2 = \mathrm{N}(pB) = \mathrm{N}(\mathfrak{P}_1)\mathrm{N}(\mathfrak{P}_2)$이므로

$$p = \mathrm{N}(\mathfrak{P}_1) = \mathrm{N}(\mathfrak{P}_2) = a^2 + b^2$$

이다.

제 6 장

유수 공식

데데킨트 제타 함수 그리고 디리클레 L-함수를 이용하여 유수를 계산한다.

제 1 절 디리클레 급수

다음 꼴의 급수

$$\sum_{m=1}^{\infty} \frac{a_m}{m^s} \quad (a_m \in \mathbb{C}, s \in \mathbb{R})$$

을 **디리클레 급수**(Dirichlet series)라고 부른다.

정리 6.1.1. *모든 $m \geq 1$에 대하여*

$$\left| \frac{S(m)}{m^{s_0}} \right| < \alpha \quad (S(m) = a_1 + \cdots + a_m)$$

를 만족시키는 양의 실수 s_0와 α가 있으면 디리클레 급수

$$\sum_{m=1}^{\infty} \frac{a_m}{m^s}$$

은 $s > s_0$일 때 수렴한다.

증명. 임의의 자연수 $M < N$에 대하여

$$\begin{aligned}\sum_{m=M}^{N}\frac{a_m}{m^s} &= \sum_{m=M}^{N}\frac{S(m)-S(m-1)}{m^s}\\ &= \frac{S(N)}{N^s}-\frac{S(M-1)}{M^s}+\sum_{m=M}^{N-1}S(m)\left(\frac{1}{m^s}-\frac{1}{(m+1)^s}\right)\end{aligned}$$

이므로 $s > s_0+\delta$ $(\delta > 0)$일 때,

$$\begin{aligned}\left|\sum_{m=M}^{N}\frac{a_m}{m^s}\right| &\le \left|\frac{S(N)}{N^s}\right|+\left|\frac{S(M-1)}{M^s}\right|+\sum_{m=M}^{N-1}|S(m)|\left(\frac{1}{m^s}-\frac{1}{(m+1)^s}\right)\\ &\le \frac{N^{s_0}\alpha}{N^s}+\frac{(M-1)^{s_0}\alpha}{M^s}+\alpha s\sum_{m=M}^{N-1}m^{s_0}\int_m^{m+1}\frac{dt}{t^{s+1}}\\ &\le \frac{\alpha}{M^{s-s_0}}+\frac{\alpha}{M^{s-s_0}}+\alpha s\int_M^{\infty}\frac{dt}{t^{s-s_0+1}}\\ &\le \frac{2\alpha}{M^{s-s_0}}+\alpha s\cdot\frac{1}{s-s_0}\cdot\frac{1}{M^{s-s_0}}\\ &\le \frac{2\alpha}{M^{\delta}}+\alpha\cdot\frac{s_0+\delta}{\delta}\cdot\frac{1}{M^{\delta}}\end{aligned}$$

이다. 따라서 $M\to\infty$일 때, $\sum_{m=M}^{N}\frac{a_m}{m^s}\to 0$이다. 그러므로 디리클레 급수

$$\sum_{m=1}^{\infty}\frac{a_m}{m^s}$$

는 $s > s_0$일 때 수렴한다. □

예를 들어 리만 제타 함수

$$\zeta(s)=\sum_{n=1}^{\infty}\frac{1}{n^s}$$

는 $s > 1$일 때 수렴한다.

보조정리 6.1.2. $s > 1$일 때,

$$\lim_{s\to 1}(s-1)\zeta(s)=1$$

이다.

증명. t^{-s}는 단조 감소 함수이므로

$$\frac{1}{(m+1)^s} < \int_m^{m+1} \frac{dt}{t^s} < \frac{1}{m^s}$$

이다. 따라서

$$\zeta(s) - 1 < \int_1^\infty \frac{dt}{t^s} = \frac{1}{s-1} < \zeta(s)$$

이고

$$1 < (s-1)\zeta(s) < s$$

이다. □

정리 6.1.3. *어떤 상수 c에 대하여*

$$\lim_{m\to\infty} \frac{S(m)}{m} = c \quad (S(m) = a_1 + \cdots + a_m)$$

이면 디리클레 급수

$$\sum_{m=1}^{\infty} \frac{a_m}{m^s}$$

는 $s > 1$일 때 수렴하고

$$\lim_{s\to 1}(s-1)\sum_{m=1}^{\infty} \frac{a_m}{m^s} = c$$

이다.

증명. 정리 6.1.1에 의해서 디리클레 급수

$$\sum_{m=1}^{\infty} \frac{a_m}{m^s}$$

는 $s > 1$일 때 수렴한다. 이제 보조정리 6.1.2에 의하여

$$S(m) = cm + b(m)m\,(\lim_{m\to\infty} b(m) = 0)$$

일 때,

$$\lim_{s\to1}(s-1)\sum_{m=1}^{\infty}\frac{a_m}{m^s} = c\cdot\lim_{s\to1}(s-1)\sum_{m=1}^{\infty}\frac{1}{m^s}$$

을 보이면 된다. 그런데

$$\begin{aligned}\sum_{m=1}^{\infty}\frac{a_m}{m^s}-c\sum_{m=1}^{\infty}\frac{1}{m^s} &= \sum_{m=1}^{\infty}\frac{S(m)-S(m-1)}{m^s}-c\sum_{m=1}^{\infty}\frac{m-(m-1)}{m^s}\\ &= \sum_{m=1}^{\infty}(S(m)-cm)\left(\frac{1}{m^s}-\frac{1}{(m+1)^s}\right)\\ &= \sum_{m=1}^{\infty}b(m)m\left(\frac{1}{m^s}-\frac{1}{(m+1)^s}\right)\\ &= s\sum_{m=1}^{\infty}b(m)m\int_m^{m+1}\frac{dt}{t^{s+1}}\\ &\le s\sum_{m=1}^{\infty}b(m)\int_m^{m+1}\frac{dt}{t^s}\end{aligned}$$

이므로

$$\left|\sum_{m=1}^{\infty}\frac{a_m}{m^s}-c\sum_{m=1}^{\infty}\frac{1}{m^s}\right| \le s\sum_{m=1}^{\infty}|b(m)|\int_m^{m+1}\frac{dt}{t^s}$$

이다. 따라서 $1<s<1+\delta$ $(\delta>0)$일 때, $|b(m)|<\beta$ $(m\ge1)$, $|b(m)|<\delta$ $(m\ge M)$라고 하면

$$\begin{aligned}&\left|(s-1)\sum_{m=1}^{\infty}\frac{a_m}{m^s}-c(s-1)\sum_{m=1}^{\infty}\frac{1}{m^s}\right|\\ \le\ & s(s-1)\sum_{m=1}^{\infty}|b(m)|\int_m^{m+1}\frac{dt}{t^s}\\ \le\ & s(s-1)\beta\sum_{m=1}^{M-1}\int_m^{m+1}\frac{dt}{t}+s(s-1)\delta\sum_{m=M}^{\infty}\int_m^{m+1}\frac{dt}{t^s}\\ =\ & s(s-1)\beta\log M+\frac{s\delta}{M^{s-1}}\\ \le\ & s(s-1)\beta\log M+\frac{(1+\delta)\delta}{M^{\delta}}\end{aligned}$$

이다. 그러므로

$$\lim_{s\to 1}\left|(s-1)\sum_{m=1}^{\infty}\frac{a_m}{m^s}-c\cdot(s-1)\sum_{m=1}^{\infty}\frac{1}{m^s}\right|=0$$

이다. □

제 2 절 데데킨트 제타 함수

수체 K의 대수적 정수환을 A_K라고 할 때, K의 **데데킨트 제타 함수** $\zeta_K(s)$ $(s\in\mathbb{R})$는 다음과 같이 정의된다.

$$\zeta_K(s)=\sum_{A_K\text{의 아이디얼 }\mathfrak{a}\neq 0}\frac{1}{\mathrm{N}(\mathfrak{a})^s}.$$

예를 들어 $K=\mathbb{Q}$일 때, 데데킨트 제타 함수 $\zeta_{\mathbb{Q}}(s)$는 리만 제타 함수 $\zeta(s)$이다.

자연수 m에 대하여

$$a(m)=|\{A_K\text{의 아이디얼 }\mathfrak{a}\,|\,\mathrm{N}(\mathfrak{a})=m\}|$$

라고 하면, $\zeta_K(s)$는 다음과 같은 디리클레 급수이다.

$$\zeta_K(s)=\sum_{m=1}^{\infty}\frac{a(m)}{m^s}.$$

정리 6.2.1 (유수 공식). *$s>1$일 때, $\zeta_K(s)$는 수렴하고*

$$\lim_{s\to 1}(s-1)\zeta_K(s)=\frac{2^{r_1+r_2}\pi^{r_2}R_K}{\omega_K\sqrt{|d_K|}}\cdot h_K$$

이다. 여기서 ω_K는 K 안에 있는 1의 거듭제곱근의 개수이다.

정리 6.2.1을 증명하기 위해서 다음 보조정리가 필요하다.

보조정리 6.2.2. *K는 차수 n인 수체, $\sigma_i : K\to\mathbb{C}$ $(i=1,\cdots,n)$는 서로 다른 n개의 K에서 $\mathbb{C}$의 부분체로의 $\mathbb{Q}$-동형사상, $\{u_1,\cdots,u_r\}$은*

K의 기본유닛 시스템이고 $\{b_1, \cdots, b_n\}$은 K의 $\mathbb{Q}$-기저라고 할 때, 임의의 $(y_1, \cdots, y_n) \in \mathbb{R}^n$에 대하여

$$x_i = \sum_{j=1}^{n} y_j \sigma_i(b_j) \quad (i = 1, \cdots, n)$$

라고 하자. 이때 $x_i \neq 0$ $(i = 1, \cdots, n)$이면 다음을 만족시키는 유일한 실수 $\alpha_1, \cdots, \alpha_r$이 있다.

$$\sum_{k=1}^{r} \alpha_k \log|\sigma_i(u_k)| = \log\left|\frac{x_i}{|x_1 \cdots x_n|^{1/n}}\right|. \tag{6.1}$$

그리고 $\alpha_1, \cdots, \alpha_r$을 $\{u_1, \cdots, u_r\}$에 관한 x_i $(i = 1, \cdots, n)$의 지수라고 부른다. 특별히 $(y_1, \cdots, y_n) \in \mathbb{Q}^n$일 때는 $x = \sigma_1(x) \in K$의 지수라고 부른다.

증명. $R_K = |\det(l_i \log|\sigma_i(u_k)|)| \neq 0$이므로 일차 연립방정식

$$\sum_{k=1}^{r} X_k \log|\sigma_i(u_k)| = \log\left|\frac{x_i}{|x_1 \cdots x_n|^{1/n}}\right| \quad (i = 1, \cdots, r)$$

은 유일한 실수해 $\alpha_1, \cdots, \alpha_r$을 가지고 이 해는 식 (6.1)을 만족시킨다. □

예를 들어

$$u = \zeta u_1^{m_1} u_2^{m_2} \cdots u_r^{m_r} \in A_K^*$$

(ζ는 1의 거듭제곱근, $m_i \in \mathbb{Z}$)일 때, u의 지수는 $m_1, \cdots, m_r$이다. 따라서 $u = \zeta$일 필요충분조건은 $m_1 = \cdots = m_r = 0$이다.

이제 정리 6.2.1을 증명하자.

정리 6.2.1의 증명. K의 유군을

$$\mathcal{C}_K = \{C_1, \cdots, C_{h_K}\}$$

라고 하고 실수 $t > 0$에 대하여

$$S(t) = |\{A_K\text{의 아이디얼 } \mathfrak{a} \mid \mathrm{N}(\mathfrak{a}) \leq t\}|,$$

$$S(t, C_i) = |\{A_K\text{의 아이디얼 } \mathfrak{a} \in C_i \mid \mathrm{N}(\mathfrak{a}) \le t\}|$$

라고 하면

$$S(t) = \sum_{i=1}^{h_K} S(t, C_i)$$

이다. 따라서 모든 i에 대하여

$$\lim_{t\to\infty} \frac{S(t, C_i)}{t} = \frac{2^{r_1+r_2}\pi^{r_2} R_K}{\omega_K \sqrt{|d_K|}} \tag{6.2}$$

임을 보이면

$$\lim_{m\to\infty} \frac{S(m)}{m} = \frac{2^{r_1+r_2}\pi^{r_2} R_K}{\omega_K \sqrt{|d_K|}} \cdot h_K$$

이므로 정리 6.1.3에 의하여 증명이 끝난다.

이제 식 (6.2)를 보이지. A_K의 아이디얼 $\mathfrak{b} \in C_i^{-1}$와 실수 $t > 0$에 대하여

$$\begin{aligned} \mathcal{S}(t) &= \{A_K\text{의 아이디얼 } \mathfrak{a} \mid \mathrm{N}(\mathfrak{a}) \le t\}, \\ \mathcal{T}(t) &= \{A_K x \mid 0 \ne A_K x \subseteq \mathfrak{b},\ |\mathrm{N}_{K/\mathbb{Q}}(x)| \le \mathrm{N}(\mathfrak{b})t\} \end{aligned}$$

라고 하자. $\mathfrak{a} \in \mathcal{S}(t)$이면 $\mathfrak{ab} = A_K x$ $(x \in \mathfrak{ab} \subseteq \mathfrak{b})$이고

$$|\mathrm{N}_{K/\mathbb{Q}}(x)| = \mathrm{N}(A_K x) = \mathrm{N}(\mathfrak{a})\mathrm{N}(\mathfrak{b}) \le t\mathrm{N}(\mathfrak{b})$$

이다. 함수 $\theta : \mathcal{S}(T) \to \mathcal{T}(t)$, $\mathfrak{a} \mapsto x$는 단사 함수임을 쉽게 알 수 있다. 역으로 $A_K x \in \mathcal{T}(t)$일 때, $\mathfrak{a} = \mathfrak{b}^{-1} A_K x$라고 하면 $\mathfrak{a} \in C_i$이고 $\mathrm{N}(\mathfrak{a}) \le t$이므로 $\mathfrak{a} \in S(t, C_i)$이다. 따라서 θ는 전단사 함수이고

$$S(t, C_i) = |\mathcal{T}(t)|$$

이다.

K가 차수 n인 수체일 때, A_K의 아이디얼 $\mathfrak{b}$는 계수 n인 자유 $\mathbb{Z}$-모듈이다. $\{b_1, \cdots, b_n\}$은 $\mathfrak{b}$의 $\mathbb{Z}$-기저이고 $\sigma_i : K \to \mathbb{C}$ $(i = 1, \cdots, n)$는 n개의 서로 다른 K에서 $\mathbb{C}$의 부분체로의 $\mathbb{Q}$-동형사상일 때, 임의의

$$(y_1, \cdots, y_n) \in \mathbb{R}^n$$

에 대하여

$$x_i = \sum_{j=1}^{n} y_j \sigma_i(b_j) \quad (i = 1, \cdots, n)$$

라고 하자. 이제

$$\mathcal{U}(t) = \{x \in \mathfrak{b} \mid 0 < \mathrm{N}_{K/\mathbb{Q}}(x) \leq \mathrm{N}(\mathfrak{b})t,\ \ 0 \leq \alpha_k < 1 \ \ (k = 1, \cdots, r)\}$$

라고 하자(α_k는 보조정리 6.2.2에서 정의된 x의 지수). $A_K x \in \mathcal{T}(t)$일 때, 적절한 $u \in A_K^*$를 x와 곱해서 x의 지수 α_k가 $0 \leq \alpha_k < 1 \ \ (k = 1, \cdots, r)$을 만족시킨다고 가정할 수 있다. 그리고 $x, y \in \mathcal{U}(t)$이고 $A_K x = A_K y$이면 $x = uy$ ($u \in A_K^*$)이고

$$\alpha_k = m_k + \beta_k$$

(α_k, β_k, m_k는 각각 x, y, u의 지수)이다. 그런데 $0 \leq \alpha_k < 1$, $0 \leq \beta_k < 1$, $m_k \in Z$이므로 $m_k = 0$이고 u는 1의 거듭제곱근이다. 따라서

$$|\mathcal{U}(t)| = \omega_K |\mathcal{T}(t)|$$

이고

$$S(t, C_i) = |\mathcal{U}(t)| / \omega_K$$

이다. 이제

$$\begin{aligned}\mathcal{V}(t) = \{(y_1, \cdots, y_n) \in \mathbb{R}^n \quad | \quad & 0 < |\prod_{i=1}^{n} x_i| \leq \mathrm{N}(\mathfrak{b})t, \\ & 0 \leq \alpha_k < 1 \ \ (k = 1, \cdots, r)\}\end{aligned}$$

라고 하면 $\det(\sigma_i(b_j)) \neq 0$이므로 함수

$$(y_1, \cdots, y_n) \mapsto (x_1, \cdots, x_n)$$

는 가역이고

$$\begin{aligned}|x_i| &= |x_1 \cdots x_n|^{1/n} \exp(\sum_{k=1}^{r} \alpha_k \log|\sigma_i(u_k)|) \\ &\leq |\mathrm{N}(\mathfrak{b})t|^{1/n} \exp(rM)\end{aligned}$$

($M = \max\{\log|\sigma_i(u_k)| \mid 1 \le i \le n, 1 \le k \le r\}$)이므로 $\mathcal{V}(t)$는 유계이다.

끝으로

$$\mathcal{W}(t) = \{(y_1, \cdots, y_n) \in \mathbb{R}^n \mid \text{어떤 } i\text{에 대하여 } x_i = 0, \\ |x_j| \le |\mathrm{N}(\mathfrak{b})t|^{1/n}\exp(rM) \ (j = 1, \cdots, n)\}$$

라고 하고

$$\mathcal{D}(t) = \mathcal{V}(t) \cup \mathcal{W}(t)$$

라고 하면 $\mathcal{D}(t)$는 컴팩트 집합이다. $0 \ne x = \sum_{j=1}^n m_j b_j \in \mathcal{U}(t)$ ($m_j \in \mathbb{Z}$)일 때, $(m_1, \cdots, m_n) \in \mathcal{V}(t)$이다. 이때 함수

$$\eta : \mathcal{U}(t) \to \mathcal{V}(t), \ x \mapsto (m_1, \cdots, m_n)$$

는 단사이다. 역으로 정수 좌표를 가지는 $\mathcal{V}(t)$의 원소는 $\eta(x)$ ($x \in \mathcal{U}(t)$)이다. 또한 $(m_1, \cdots, m_n) \in \mathcal{W}(t)$이면 어떤 i에 대하여

$$x_i = \sum_{j=1}^n m_j \sigma_i(b_j) = 0$$

이므로 $(m_1, \cdots, m_n) = (0, \cdots, 0)$이다. 따라서 $D(t)$를 정수 좌표를 가지는 $\mathcal{D}(t)$의 원소의 개수라고 하면

$$D(t) = |\mathcal{U}(t)| + 1 = \omega_K S(t, C_i) + 1$$

이고

$$\lim_{t\to\infty} \frac{S(t, C_i)}{t} = \frac{1}{\omega_K} \lim_{t\to\infty} \frac{D(t)}{t}$$

이다. $t > 1$일 때, $\mathbb{R}$-선형사상

$$\phi : \mathbb{R}^n \to \mathbb{R}^n, \quad (y_1, \cdots, y_n) \mapsto \frac{1}{\sqrt[n]{t}}(y_1, \cdots, y_n)$$

는 $\phi(\mathcal{D}(t)) = \mathcal{D}(1)$을 만족시킨다. 따라서 $\mathbb{R}^n$의 르베그 측도 μ에 대하여

$$\mu(\mathcal{D}(1)) = \lim_{t\to\infty} \frac{D(t)}{t}$$

이다. 이제 $\mu(\mathcal{D}(1))$을 계산하면(부록 참조)

$$\mu(\mathcal{D}(1)) = \frac{2^{r_1+r_2}\pi^{r_2}R_K}{\sqrt{|d_K|}}$$

을 얻는다. 그러므로

$$\lim_{t\to\infty}\frac{S(t,C_i)}{t} = \frac{2^{r_1+r_2}\pi^{r_2}R_K}{\omega_K\sqrt{|d_K|}}$$

이다. □

연습문제 6.2.3. $s > 1$일 때,

$$\zeta_K(s) = \prod_{A_K\text{의 소수 아이디얼 } \mathfrak{p}\neq 0}\frac{1}{1-\mathrm{N}(\mathfrak{p})^{-s}}$$

을 보여라.

제 3 절 디리클레 L-함수

주어진 자연수 m에 대하여 다음을 만족시키는 함수 $\chi : \mathbb{Z} \to \mathbb{C}$를 m에 관한 **디리클레 지표**(Dirichlet character)라고 부른다.

(1) $\chi(n+m) = \chi(n)$

(2) $\chi(ln) = \chi(l)\chi(n)$

(3) $\chi(n) \neq 0 \Leftrightarrow (n,m) = 1$.

예를 들어 $(n,m) = 1$일 때 $\chi_0(n) = 1$, $(n,m) \neq 1$일 때 $\chi_0(n) = 0$이라고 하면 χ_0는 m에 관한 디리클레 지표이다.

χ가 m에 관한 디리클레 지표일 때, $(n,m) = 1$, $\phi(m) = |(\mathbb{Z}/m\mathbb{Z})^*|$라고 하면 $\chi(n)^{\phi(m)} = \chi(n^{\phi(m)}) = \chi(1) = 1$이므로 $\chi(n)$는 1의 거듭제곱근이다. 따라서 $|\chi(n)| = 0$ 또는 1이고 디리클레 급수

$$L(s,\chi) = \sum_{n=1}^{\infty}\frac{\chi(n)}{n^s}$$

는 $s > 1$일 때 수렴한다(정리 6.1.1). 이때 $L(s,\chi)$ $(s > 1)$를 χ의 **디리클레 L-함수**라고 부른다.

정리 6.3.1. *$s > 1$일 때,*

$$L(s,\chi) = \prod_{\text{소수 } p} \frac{1}{1-\chi(p)p^{-s}}$$

이다.

증명. $s > 1$일 때, $|\chi(p)p^{-s}| < 1$이므로

$$\frac{1}{(1-\chi(p)p^{-s})} = \sum_{n=0}^{\infty} \frac{\chi(p)^n}{p^{ns}}$$

이다. 그런데 자연수는 유일한 소인수 분해를 가지므로

$$\prod_{p\le N} \frac{1}{(1-\chi(p)p^{-s})} = \sum_{n\le N} \frac{\chi(n)}{n^s} + R_N(s) \quad (R_N(s) \le \sum_{n=N+1}^{\infty} \frac{\chi(n)}{n^s})$$

이다. 따라서 $N \to \infty$일 때, $R_N(s) \to 0$이므로 증명이 끝난다. □

보조정리 6.3.2. *$\chi\,(\neq \chi_0)$가 m에 관한 디리클레 지표일 때,*

$$\sum_{n=1}^{m} \chi(n) = 0$$

이다.

증명. $\chi \neq \chi_0$이므로 $(a,m) = 1$, $\chi(a) \neq 1$인 정수 a가 있다. 따라서

$$\sum_{n=1}^{m} \chi(n) = \sum_{n=1}^{m} \chi(an) = \chi(a)\sum_{n=1}^{m} \chi(n)$$

이고

$$\sum_{n=1}^{m} \chi(n) = 0$$

이다. □

정리 6.3.3. $\chi\,(\neq \chi_0)$가 m에 관한 디리클레 지표일 때, 디리클레 L-함수

$$L(s,\chi) = \sum_{n=1}^{\infty} \frac{\chi(n)}{n^s}$$

는 $s > 0$일 때 수렴한다.

증명. $l = qm + r\ (0 \leq r < m)$라고 쓰면 보조정리 6.3.2에 의하여

$$\left|\sum_{n=1}^{l} \chi(n)\right| = \left|\sum_{n=1}^{r} \chi(n)\right| \leq \phi(m)$$

이다. $S(n) = \sum_{j=1}^{n} \chi(j)$라고 하면 임의의 자연수 $M < N$에 대하여

$$\begin{aligned}
\left|\sum_{n=M}^{N} \frac{\chi(n)}{n^s}\right| &= \left|\sum_{n=M}^{N} \frac{S(n) - S(n-1)}{n^s}\right| \\
&= \left|\frac{S(N)}{N^s} - \frac{S(M-1)}{M^s} + \sum_{n=M}^{N-1} S(n)\left(\frac{1}{n^s} - \frac{1}{(n+1)^s}\right)\right| \\
&\leq \phi(m)\left(\frac{1}{N^s} + \frac{1}{M^s} + \frac{1}{M^s} - \frac{1}{N^s}\right) \\
&= 2\phi(m)\frac{1}{M^s}
\end{aligned}$$

이다. 따라서 $s > 0$이면 $M \to \infty$일 때, $\sum_{n=M}^{N} \frac{\chi(n)}{n^s} \to 0$이다. □

정리 6.3.4. $\chi\,(\neq \chi_0)$가 m에 관한 디리클레 지표일 때, $\zeta_m = \cos(2\pi/m) + i\sin(2\pi/m)$, $\tau_k(\chi) = \sum_{a=1}^{m-1} \chi(a)\zeta_m^{ak}\ (k = 0, \cdots, m-1)$라고 하면

$$L(s,\chi) = \frac{1}{m}\sum_{k=1}^{m-1} \tau_k(\chi) \sum_{n=1}^{\infty} \frac{\zeta_m^{-nk}}{n^s} \quad (s > 0)$$

이다.

증명.

$$\begin{aligned} L(s,\chi) &= \sum_{n=1}^{\infty} \frac{\chi(n)}{n^s} \\ &= \sum_{a=1}^{m-1} \chi(a) \left(\sum_{n \equiv a \,(\mathrm{mod}\ m)} \frac{1}{n^s} \right) \end{aligned}$$

이므로

$$c(a)_n = \begin{cases} 1, & n \equiv a \,(\mathrm{mod}\ m) \\ 0, & n \not\equiv a \,(\mathrm{mod}\ m) \end{cases}$$

라고 하면

$$L(s,\chi) = \sum_{a=1}^{m-1} \chi(a) \sum_{n=1}^{\infty} \frac{c(a)_n}{n^s}$$

이다. 그런데

$$c(a)_n = \frac{1}{m} \sum_{k=0}^{m-1} \zeta_m^{(a-n)k}$$

이므로

$$\begin{aligned} L(s,\chi) &= \frac{1}{m} \sum_{a=1}^{m-1} \chi(a) \sum_{n=1}^{\infty} \sum_{k=0}^{m-1} \frac{\zeta_m^{(a-n)k}}{n^s} \\ &= \frac{1}{m} \sum_{k=0}^{m-1} \left(\sum_{a=1}^{m-1} \chi(a) \zeta_m^{ak} \right) \sum_{n=1}^{\infty} \frac{\zeta_m^{-nk}}{n^s} \end{aligned}$$

이다. 끝으로 $\chi \neq \chi_0$이므로 $\tau_0(\chi) = 0$이다. □

이제 정리 6.3.4와 복소 로그함수의 테일러 급수를 이용하여 디리클레 L-함수의 1에서의 값을 유한 합으로 나타낼 수 있다.

따름정리 6.3.5. *$\chi\,(\neq \chi_0)$가 m에 관한 디리클레 지표일 때,*

$$L(1,\chi) = \frac{1}{m} \sum_{k=1}^{m-1} \tau_k(\chi) \log \frac{1}{1-\zeta_m^{-k}}$$

이다.

보기 6.3.6. 정수 n에 대하여

$$\chi(n) = \begin{cases} 1, & n \equiv 1 \pmod 4\text{일 때}, \\ 0, & n\text{이 짝수일 때}, \\ -1, & n \equiv 3 \pmod 4\text{일 때} \end{cases}$$

라고 하면 χ는 $m = 4$에 관한 디리클레 지표이고

$$L(1, \chi) = 1 - \frac{1}{3^s} + \frac{1}{5^s} + \cdots$$

이다. $\zeta_4 = i$, $\tau_1(\chi) = 2i$, $\tau_2(\chi) = 0$, $\tau_3(\chi) = -2i$이므로 따름정리 6.3.5에 의하여

$$\begin{aligned} L(1, \chi) &= \frac{1}{4}\left(2i \log \frac{1}{1 - i^{-1}} - 2i \log \frac{1}{1 - i^{-3}}\right) \\ &= \frac{i}{2}\left(\log\left(\frac{1}{2} - \frac{1}{2}i\right) - \log\left(\frac{1}{2} + \frac{1}{2}i\right)\right) \\ &= \frac{i}{2}\left(-\frac{\pi}{4} - \frac{\pi}{4}\right) i \\ &= \frac{\pi}{4} \end{aligned}$$

이다.

연습문제 6.3.7. 자연수 m에 관한 디리클레 지표 χ_0에 대하여

$$\lim_{s \to 1} (s - 1) L(s, \chi_0) = \frac{\phi(m)}{m}$$

을 보여라.

제 4 절 디리클레 유수 공식

정리 6.2.1에 의하여 $K = \mathbb{Q}(\sqrt{d})$ (d는 제곱인수가 없는 정수)가 이차체일 때,

$$\lim_{s \to 1} (s - 1) \zeta_K(s) = \begin{cases} \frac{2 \log(\epsilon_K)}{\sqrt{d_k}} h_K & (d > 0) \\ \frac{2\pi}{\omega_K \sqrt{|d_k|}} h_K & (d < 0) \end{cases}$$

이다. A_K가 K의 대수적 정수환일 때, 소수 p에 대하여

$$\chi(p) = \begin{cases} 1 & (pA_K = \mathfrak{P}_1\mathfrak{P}_2) \\ 0 & (pA_K = \mathfrak{P}^2) \\ -1 & (pA_K = \mathfrak{P}) \end{cases}$$

라고 하고

$$\chi(-1) = \begin{cases} 1 & (d > 0) \\ -1 & (d < 0) \end{cases}$$

라고 하자. 이제 정수 $n = \pm \prod p_i^{a_i}$에 대하여

$$\chi(n) = \chi(\pm 1) \prod \chi(p_i)^{a_i}$$

라고 하면 $\chi : \mathbb{Z} \to \{-1, 0, 1\}$은 $|d_K|$에 관한 디리클레 지표이다. 이때 χ를 **이차체 K의 디리클레 지표**라고 부른다.

정리 6.4.1. *χ가 이차체 $K = \mathbb{Q}(\sqrt{d})$의 디리클레 지표일 때,*

$$\zeta_K(s) = \zeta(s)L(s, \chi) \quad (s > 1)$$

이고

$$\lim_{s \to 1}(s-1)\zeta_K(s) = L(1, \chi)$$

이다.

증명. 연습문제 6.2.3과 정리 6.3.1로부터

$$\begin{aligned} \zeta_K(s) &= \prod_{\mathfrak{P}} \frac{1}{1 - N(\mathfrak{P})^{-s}} = \prod_p \prod_{\mathfrak{P}|p} \frac{1}{1 - N(\mathfrak{P})^{-s}} \\ &= \prod_p \frac{1}{1 - p^{-s}} \frac{1}{1 - \chi(p)p^{-s}} = \prod_p \frac{1}{1 - p^{-s}} \prod_p \frac{1}{1 - \chi(p)p^{-s}} \\ &= \zeta(s)L(s, \chi) \end{aligned}$$

을 얻는다. 따라서 보조정리 6.1.2에 의해서 $\lim_{s \to 1}(s-1)\zeta_K(s) = L(1, \chi)$이다. □

따름정리 6.4.2 (디리클레 유수 공식). *χ가 이차체 $K = \mathbb{Q}(\sqrt{d})$의 디리클

레 지표일 때,

$$h_k = \begin{cases} \frac{\sqrt{|d_k|}}{2\log(\epsilon_K)} L(1,\chi) & (d > 0) \\ \frac{\omega_K \sqrt{|d_k|}}{2\pi} L(1,\chi) & (d < 0) \end{cases}$$

이다.

이제 디리클레 유수 공식과 따름정리 6.3.5를 이용하여 이차체의 유수를 유한 번의 계산으로 구할 수 있다.

보기 6.4.3. 이차체 $K = \mathbb{Q}(\sqrt{-1})$의 디리클레 지표 χ는 $m = 4$에 관한 보기 6.3.6의 디리클레 지표이다. 따라서

$$h_K = \frac{4\sqrt{4}}{2\pi} \cdot \frac{\pi}{4} = 1$$

이다.

보기 6.4.4. $p(> 3)$는 $p \equiv 3 \pmod 4$인 소수이고 χ는 이차체 $K = \mathbb{Q}(\sqrt{-p})$의 디리클레 지표일 때,

$$h_K = \frac{1}{p}\left|\sum_{k=1}^{p-1} \chi(k)k\right|$$

을 보이자.

p는 $p \equiv 3 \pmod 4$인 소수이고 χ는 이차체 $K = \mathbb{Q}(\sqrt{-p})$의 디리클레 지표라고 하면 $\chi(n) = (\frac{n}{p})$이다. 이때, $|d_K| = p$이고 $p > 3$이면 $\omega_K = 2$이므로 디리클레 유수 공식과 따름정리 6.3.5에 의하여

$$h_K \quad = \quad \frac{\sqrt{p}}{\pi} \cdot \frac{1}{p} \sum_{k=1}^{p-1} \tau_k(\chi) \log \frac{1}{1 - \zeta_p^{-k}}$$

이다. 그런데

$$\chi(k)\tau_k(\chi) = \sum_{a=1}^{p-1} \chi(k)\chi(a)\zeta_p^{ak} = \sum_{b=1}^{p-1} \chi(b)\zeta_p^b = \tau_1(\chi)$$

이므로

$$\tau_k(\chi) = \chi(k)\tau_1(\chi)$$

이고

$$h_K = \frac{\sqrt{p}}{\pi}\cdot\frac{1}{p}\cdot\tau_1(\chi)\sum_{k=1}^{p-1}\chi(k)\log\frac{1}{1-\zeta_p^{-k}}$$

이다. 이제 $\tau_1(\chi)^2$를 계산하면

$$\begin{aligned}
\tau_1(\chi)^2 &= \left(\sum_{a=1}^{p-1}\left(\frac{a}{p}\right)\zeta_p^a\right)\left(\sum_{b=1}^{p-1}\left(\frac{b}{p}\right)\zeta_p^b\right)\\
&= \sum_{1\le a,\,b\le p-1}\left(\frac{ab}{p}\right)\zeta_p^{a+b}\\
&= \sum_{1\le a,\,t\le p-1}\left(\frac{a(at)}{p}\right)\zeta_p^{a+at}\\
&= \sum_{t=1}^{p-1}\left(\frac{t}{p}\right)\sum_{a=1}^{p-1}\zeta_p^{a(1+t)}\\
&= \sum_{t=1}^{p-2}\left(\frac{t}{p}\right)(-1)+\left(\frac{p-1}{p}\right)(p-1)\\
&= \sum_{t=1}^{p-1}\left(\frac{t}{p}\right)(-1)+\left(\frac{p-1}{p}\right)p\\
&= 0+\left(\frac{-1}{p}\right)p\\
&= -p
\end{aligned}$$

이므로

$$h_K = \left|\frac{i}{\pi}\sum_{k=1}^{p-1}\chi(k)\log\frac{1}{1-\zeta_p^{-k}}\right|$$

이다.

끝으로

$$S = -\sum_{k=1}^{p-1} \chi(k) \log(1-\zeta_p^{-k})$$

라고 하면 $\chi(-1) = -1$이므로

$$\begin{aligned} S &= -\chi(-1)\sum_{k=1}^{p-1} \chi(k) \log(1-\zeta_p^{k}) \\ &= \sum_{k=1}^{p-1} \chi(k) \log(1-\zeta_p^{k}) \end{aligned}$$

이고

$$\begin{aligned} 2S &= \sum_{k=1}^{p-1} \chi(k) \left(\log(1-\zeta_p^{k}) - \log(1-\zeta_p^{-k})\right) \\ &= -2\sum_{k=1}^{p-1} \chi(k) \left(\frac{\pi}{2} - \frac{\pi k}{p}\right) i \\ &= \frac{2\pi i}{p} \sum_{k=1}^{p-1} \chi(k) k \end{aligned}$$

이다. 따라서

$$h_K = \frac{1}{p}\left|\sum_{k=1}^{p-1} \chi(k) k\right|$$

이다.

예를 들어 $K = \mathbb{Q}(\sqrt{-7})$일 때,

$$\begin{aligned} h_K &= \frac{1}{7}\left|\sum_{k=1}^{6} \chi(k) k\right| \\ &= \frac{1}{7}\left|1+2-3+4-5-6\right| = \frac{1}{7}|-7| = 1 \end{aligned}$$

이고 $K = \mathbb{Q}(\sqrt{-23})$일 때,

$$\begin{aligned}
h_K &= \frac{1}{23}\left|\sum_{k=1}^{22}\chi(k)k\right| \\
&= \frac{1}{23}|1+2+3+4-5+6-7+8+9-10-11 \\
&\quad +12+13-14-15+16-17+18-19-20-21-22| \\
&= \frac{1}{23}|-69| \\
&= 3
\end{aligned}$$

이다.

연습문제 6.4.5. 허이차체 $\mathbb{Q}(\sqrt{-11})$, $\mathbb{Q}(\sqrt{-19})$, $\mathbb{Q}(\sqrt{-43})$, $\mathbb{Q}(\sqrt{-67})$, $\mathbb{Q}(\sqrt{-163})$의 유수를 구하라.

제2부

타원곡선

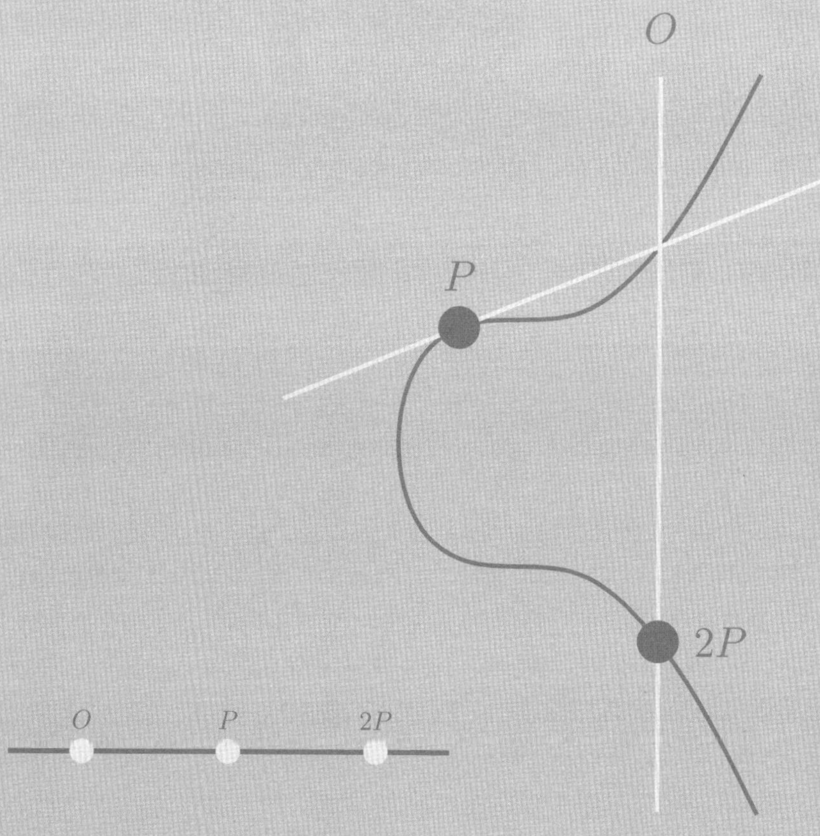

제 7 장

삼차 평면대수곡선

삼차 방정식으로 정의된 곡선

$$E : y^2 = x^3 + Ax + B \quad (A, B \in \mathbb{C},\ 4A^3 + 27B^2 \neq 0)$$

을 **타원곡선**(elliptic curve)이라고 부르고 삼차 방정식 $y^2 = x^3 + Ax + B$를 타원곡선 E의 **바이어슈트라스 방정식**(Weierstrass equation)이라고 부른다. 예를 들어 $y^2 = x^3 - x$은 타원곡선이고 $y^2 = x^3$은 타원곡선이 아니다. 타원곡선은 매끄러운(smooth) 곡선임을 보인다.

제 1 절 사영 평면

두 원소 $(x, y, z), (x', y', z') \in \mathbb{C}^3$에 대하여

$$(x, y, z) = \lambda(x', y', z')$$

을 만족시키는 $\lambda \in \mathbb{C} - \{0\}$가 있을 때,

$$(x, y, z) \sim (x', y', z')$$

라고 하면 $\sim$은 동치관계(equivalence relation)이다.

동치류(equivalence class)

$$\{(\lambda x, \lambda y, \lambda z) \,|\, \lambda \in \mathbb{C} - \{0\}\}$$

를 $[x, y, z]$로 표시하고, 집합

$$\mathbb{P}^2(\mathbb{C}) = \{[x, y, z] \,|\, x, y, z \in \mathbb{C},\ \ [x, y, z] \neq [0, 0, 0]\}$$

을 **사영 평면**(projective plane)이라고 부른다. $[x, y, z] \in \mathbb{P}^2(\mathbb{C})$에 대하여 $z \neq 0$일 때, $[x, y, z] = [x/z, y/z, 1]$를 사영 평면의 **유한점**(finite point)이라고 부르고 $z = 0$일 때, $[x, y, 0]$을 **무한원점**(point at infinity)이라고 부른다. 집합

$$\mathbb{A}^2(\mathbb{C}) = \{(x, y) \in \mathbb{C}^2\}$$

을 **아핀 평면**(affine plane)이라고 부르고 함수

$$\phi : \mathbb{A}^2(\mathbb{C}) \hookrightarrow \mathbb{P}^2(\mathbb{C}) \quad (x, y) \mapsto [x, y, 1]$$

로부터 아핀 평면의 원소를 사영 평면의 유한점이라고 볼 수 있다.

정리 7.1.1. *아핀 평면의 평행한 서로 다른 두 직선은 사영 평면의 한 무한원점에서 만난다.*

증명. 평행한 두 직선이 x축에 수직이 아닐 때, 두 직선을

$$y = ax + b, \quad y = ax + b' \quad (b \neq b')$$

라고 하고 동차화하면

$$y = ax + bz, \quad y = ax + b'z$$

이고 연립해서 풀면

$$z = 0, \quad y = ax$$

을 얻는다. $x = 0$이면 $x = y = z = 0$이므로 $x \neq 0$이어야 한다. 따라서 두 직선은 사영 평면의 무한원점

$$[x, ax, 0] = [1, a, 0]$$

에서 만난다.

평행한 두 직선이 x축에 수직일 때, 두 직선을

$$x = c, \quad x = c' \quad (c \neq c')$$

라고 하고 동차화하면

$$x = cz, \quad x = c'z$$

이고 연립해서 풀면 두 직선은 사영 평면의 무한원점

$$[0, 1, 0]$$

에서 만남을 알 수 있다. □

제 2 절 매끄러운 평면대수곡선

차수 n인 동차 다항식 $f(x, y, z) \in \mathbb{C}[x, y, z]$에 대하여 점 $(x', y', z') \in \mathbb{C}^3$가 방정식

$$f(x', y', z') = 0$$

을 만족시킬 때,

$$f(\lambda x', \lambda y', \lambda z') = 0 \quad (\lambda \in \mathbb{C} - \{0\})$$

이므로 집합

$$C = \{[x, y, z] \in \mathbb{P}^2(\mathbb{C}) \mid f(x, y, z) = 0\}$$

은 잘 정의된다. 이때, C를 다항식 $f(x, y, z)$ 또는 방정식 $f(x, y, z) = 0$으로 정의되는 n차 **평면대수곡선**(plane algebraic curve)이라고 부른다.

보기 7.2.1. 타원곡선

$$E : y^2 = x^3 + Ax + B \quad (A, B \in \mathbb{C})$$

의 바이어슈트라스 방정식

$$y^2 - x^3 - Ax - B = 0$$

을 동차화하면

$$y^2z - x^3 - Axz^2 - Bz^3 = 0$$

이다. 이때 삼차 평면대수곡선으로서 타원곡선

$$E = \{[x, y, z] \in \mathbb{P}^2(\mathbb{C}) \,|\, y^2z - x^3 - Axz^2 - Bz^3 = 0\}$$

는 유한점과 무한원점으로 다음과 같이 나누어진다.

$$E = \{(x, y) \in \mathbb{C}^2 \,|\, y^2 = x^3 + Ax + B\} \cup \{[0, 1, 0]\}.$$

방정식 $f(x, y, z) = 0$으로 정의된 평면대수곡선 C 위의 점 P가

$$f_x(P) = f_y(P) = f_z(P) = 0$$

을 만족시킬 때, 점 P를 **특이점**(singular point)이라고 부르고 특이점이 없는 곡선을 **매끄러운 곡선**이라고 한다.

정리 7.2.2. *바이어슈트라스 방정식*

$$y^2z - x^3 - Axz^2 - Bz^3 = 0 \quad (A, B \in \mathbb{C})$$

으로 정의된 평면대수곡선이 매끄러운 곡선일 필요충분조건은

$$4A^3 + 27B^2 \neq 0$$

이다.

증명. 곡선 위의 점 $P = [x_1, y_1, z_1]$가 특이점일 때,

$$f(x, y, z) = y^2z - x^3 - Axz^2 - Bz^3$$

라고 하면

$$\begin{aligned} f_x(P) &= -3x_1^2 - Az_1^2 = 0, \\ f_y(P) &= 2y_1z_1 = 0, \\ f_z(P) &= y_1^2 - 2Ax_1z_1 - 3Bz_1^2 = 0 \end{aligned}$$

이다. 따라서 $y_1 = 0$ 또는 $z_1 = 0$이다. 그러나 $z_1 = 0$이면 $x_1 = y_1 = 0$이므로 $z_1 \neq 0$이다. 이제 $y_1 = 0$, $z_1 \neq 0$이라고 가정하고

$$g(x) = x^3 + Ax + B$$

라고 하면

$$g(\frac{x_1}{z_1}) = g'(\frac{x_1}{z_1}) = 0$$

이므로 $\frac{x_1}{z_1}$은 $g(x)$의 중근이다. 따라서 특이점이 없을 필요충분조건은 $g(x)$의 중근이 없는 것이다. 그런데 $g(x)$의 해를 α, β, γ라고 하면

$$(\alpha - \beta)^2(\beta - \gamma)^2(\gamma - \alpha)^2 = -(4A^3 + 27B^2)$$

이므로(연습문제 7.2.4) 중근이 없을 필요충분조건은

$$4A^3 + 27B^2 \neq 0$$

이다. □

정리 7.2.2로부터 다음 따름정리를 바로 얻는다.

따름정리 7.2.3. *타원곡선은 매끄러운 삼차 평면대수곡선이다.*

연습문제 7.2.4. 삼차 방정식

$$x^3 + Ax + B = 0$$

의 해를 α, β, γ라고 할 때,

$$(\alpha - \beta)^2(\beta - \gamma)^2(\gamma - \alpha)^2 = -(4A^3 + 27B^2)$$

을 보여라.

제 3 절 j-불변량

바이어슈트라스 방정식

$$y^2 = x^3 + Ax + B \quad (A, B \in \mathbb{C})$$

에 대하여

$$x' = u^2 x, \quad y' = u^3 y \quad (u \in \mathbb{C} - \{0\})$$

라고 하면 또 다른 바이어슈트라스 방정식

$$y'^2 = x'^3 + A'x + B' \quad (A' = u^4 A,\ B' = u^6 B)$$

을 얻는다. 그리고 $A^3 + 27B^2 \neq 0$이면 $A'^3 + 27B'^2 \neq 0$이다.

2개의 타원곡선

$$\begin{aligned} E &: y^2 = x^3 + Ax + B \qquad (A, B \in \mathbb{C}), \\ E' &: y'^2 = x'^3 + A'x' + B' \quad (A', B' \in \mathbb{C}) \end{aligned}$$

에 대하여

$$A' = u^4 A, \quad B' = u^6 B$$

을 만족시키는 $u \in \mathbb{C} - \{0\}$가 있을 때, "E와 E'이 **동형**(isomorphic)이다"라고 하고

$$x' = u^2 x, \quad y' = u^3 y$$

를 **동형사상**(isomorphism)이라고 부른다.

타원곡선

$$E : y^2 = x^3 + Ax + B \quad (A, B \in \mathbb{C})$$

에 대하여

$$\Delta = -16(4A^3 + 27B^2)$$

를 타원곡선 E의 **판별식**(discriminant)이라고 부르고,

$$j = -1728 \frac{(4A)^3}{\Delta}$$

을 타원곡선 E의 **j-불변량**(j-invariant)이라고 부른다.

정리 7.3.1. *"두 타원곡선이 동형이다"와 "두 타원곡선의 j-불변량이 같다"는 동치이다.*

증명. 두 타원곡선이 동형이면 단순 계산에 의하여 두 타원곡선의 j-불변량이 같음을 알 수 있다. 이제 두 타원곡선

$$\begin{aligned} E &: y^2 = x^3 + Ax + B \qquad (A, B \in \mathbb{C}), \\ E' &: y'^2 = x'^3 + A'x' + B' \quad (A', B' \in \mathbb{C}) \end{aligned}$$

의 j-불변량이 같다고 가정하면

$$\frac{A^3}{4A^3 + 27B^2} = \frac{A'^3}{4A'^3 + 27B'^2}$$

이다. 먼저 $A \neq 0$이라고 하면 $A' \neq 0$이므로

$$A' = u^4 A$$

를 만족시키는 $u \in \mathbb{C} - \{0\}$가 있다. 따라서

$$\frac{A'^3}{4A'^3 + 27B'^2} = \frac{A^3}{4A^3 + 27B^2} = \frac{u^{-12}A'^3}{4u^{-12}A'^3 + 27B^2} = \frac{A'^3}{4A'^3 + 27u^{12}B^2}$$

이고

$$B'^2 = u^{12}B^2$$

이다. 이때 $B' = u^6 B$이면 증명이 끝나고 $B' = -u^6 B$인 경우에는 u를 ui로 바꾸면 원하는 결과를 얻는다.

끝으로 $A = 0$이면 $A' = 0$이고 B, $B' \neq 0$이다. 따라서 $B' = u^6 B$를 만족시키는 $u \in \mathbb{C} - \{0\}$가 있다. □

보기 7.3.2. 타원곡선

$$E : y^2 = x^3 + B \quad (B \neq 0)$$

의 j-불변량은 0이고 타원곡선

$$E : y^2 = x^3 + Ax \quad (A \neq 0)$$

의 j-불변량은 1728이다.

제 8 장

모델-베유군

사영 평면에서 타원곡선

$$E : y^2 = x^3 + Ax + B \quad (A, B \in \mathbb{C})$$

의 점들의 덧셈을 정의하고 집합

$$E = \{(x, y) \in \mathbb{C}^2 \mid y^2 = x^3 + Ax + B\} \cup \{[0, 1, 0]\}$$

이 아벨군임을 보인다.

제 1 절 덧셈

먼저 보조정리 8.1.1로부터 시작하자.

보조정리 8.1.1. *타원곡선*

$$E : y^2 = x^3 + Ax + B \quad (A, B \in \mathbb{C})$$

위의 두 점

$$P_1 = (x_1, y_1), \quad P_2 = (x_2, y_2)$$

에 대하여 $L \subset \mathbb{P}^2(\mathbb{C})$을 P_1과 P_2를 지나는 직선($P_1 = P_2$인 경우는 접선)

이라고 하면

$$L \cap E = \{P_1, P_2, P_3'\} \subseteq \mathbb{P}^2(\mathbb{C})$$

이고 P_3'는 다음과 같다.

(1) $x_1 \neq x_2$일 때,

$$x_3 = (\frac{y_2 - y_1}{x_2 - x_1})^2 - x_1 - x_2, \quad y_3 = \frac{y_2 - y_1}{x_2 - x_1}(x_1 - x_3) - y_1$$

이라고 하면 $P_3' = (x_3, -y_3)$이다.
(2) $x_1 = x_2$, $y_1 \neq y_2$이면 $P_3' = [0, 1, 0]$이다.
(3) $P_1 = P_2$, $y_1 \neq 0$일 때,

$$x_3 = (\frac{3x_1^2 + A}{2y_1})^2 - 2x_1, \quad y_3 = \frac{3x_1^2 + A}{2y_1}(x_1 - x_3) - y_1$$

이라고 하면 $P_3' = (x_3, -y_3)$이다.
(4) $P_1 = P_2$, $y_1 = 0$이면 $P_3' = [0, 1, 0]$이다.

증명. (1) $x_1 \neq x_2$이면 P_1과 P_2를 지나는 직선 L의 식은

$$y = a(x - x_1) + y_1 \qquad (a = \frac{y_2 - y_1}{x_2 - x_1})$$

이다. L과 E의 또 다른 교점을 P_3'이라고 하면 $P_3' \neq O$이다. 이제 $P_3' = (x', y')$이라고 하면

$$a(x' - x_1) + y_1)^2 = x'^3 + Ax' + B$$

이므로

$$0 = x'^3 - a^2 x'^2 + \cdots$$

이다. 따라서

$$x' = a^2 - x_1 - x_2, \quad y' = a(x' - x_1) + y_1$$

이고

$$x_3 = x' = a^2 - x_1 - x_2, \quad y_3 = -y' = a(x_1 - x_3) - y_1$$

이다.
(2) $x_1 = x_2$, $y_1 \neq y_2$이면 L은 P_1과 P_2를 지나는 x축에 수직인 직선이므로 $P_3' = [0, 1, 0]$이다.
(3) $P_1 = P_2$, $y_1 \neq 0$이면 접선 L의 기울기는

$$\frac{dy}{dx} = \frac{3x_1^2 + A}{2y_1}$$

이다. 따라서 (1)의 증명과 같은 방법으로 원하는 결과를 얻는다.
(4) $P_1 = P_2$, $y_1 = 0$이면 접선 L은 x축에 수직인 직선이므로 $P_3' = [0, 1, 0]$이다. □

보조정리 8.1.1을 이용하여 타원곡선 E의 점들의 집합

$$E = \{(x, y) \in \mathbb{C}^2 \mid y^2 = x^3 + Ax + B\} \cup \{[0, 1, 0]\}$$

에서 덧셈을 정의하자. 먼저 $O = [0, 1, 0]$이라고 하고 모든 $P \in E$에 대하여

$$P + O = O + P = P$$

라고 한다. 두 점 $P_1 = (x_1, y_1)$, $P_2 = (x_2, y_2) \in E$에 대하여 보조정리 8.1.1에서 $P_3' \neq O$이면

$$P_1 + P_2 = P_3 = (x_3, y_3)$$

라고 하고 $P_3' = O$이면

$$P_1 + P_2 = O$$

라고 한다. 이제 다음 정리를 쉽게 얻는다.

정리 8.1.2. *P, Q가 타원곡선 E의 점일 때,*

(1) $P + O = P$이다.
(2) $P + (-P) = O$을 만족시키는 $-P \in E$가 있다.
(3) $P + Q = Q + P$이다.

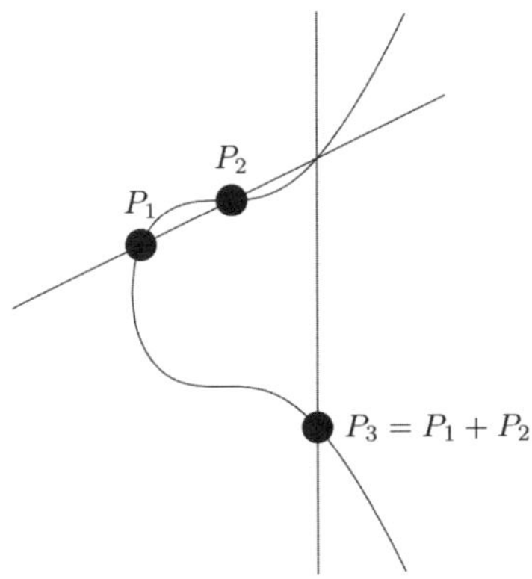

그림 8.1: 타원곡선 $E : y^2 = x^3 + 1$ 위에서 덧셈

연습문제 8.1.3. 타원곡선 $E : y^2 = x^3 + Ax + B$의 점 $P = (x_1, y_1)$ $(y_1 \neq 0)$에 대하여 $2P = (x_2, y_2)$라고 할 때,

$$x_2 = \frac{x_1^4 - 2Ax_1^2 - 8Bx_1 + A^2}{4y_1^2}$$

을 보여라.

제 2 절 결합법칙

먼저 보조정리 8.2.1로부터 시작하자.

보조정리 8.2.1. *차수 m인 평면대수곡선 C_1과 차수 n인 평면대수곡선 C_2에 대하여*

$$|C_1 \cap C_2| > mn$$

이면 다음을 만족시키는 평면대수곡선 C가 있다.

$$C \subseteq C_1 \cap C_2.$$

증명. 평면대수곡선 C_1은 m차 동차 다항식 $f(x,y,z)$로 정의되고 평면대수곡선 C_2는 n차 동차 다항식 $g(x,y,z)$로 정의된다고 하자. 동차 다항식 $f(x,y,z)$, $g(x,y,z)$를 변수 z로 정리하면

$$\begin{aligned} f(x,y,z) &= a_0(x,y)z^m + a_1(x,y)z^{m-1} + \cdots + a_m(x,y), \\ g(x,y,z) &= b_0(x,y)z^n + b_1(x,y)z^{n-1} + \cdots + b_n(x,y) \end{aligned}$$

이다. 여기서 $a_i(x,y)$와 $b_j(x,y)$는 각각 차수가 i와 j인 동차 다항식이다.

동차 다항식 $f(x,y,z)$, $g(x,y,z)$의 종결식(resultant) $R(f,g)$를 $(m+n)\times(m+n)$ 행렬

$$M = \begin{pmatrix} a_0 & a_1 & \cdots & \cdots & a_m & 0 & 0 & \cdots & 0 \\ 0 & a_0 & \cdots & \cdots & a_{m-1} & a_m & 0 & \cdots & 0 \\ \\ . & . & \cdots & \cdots & \cdots & \cdots & \cdots & \cdots & . \\ \\ 0 & . & \cdots & a_0 & \cdots & \cdots & \cdots & \cdots & a_m \\ b_0 & b_1 & \cdots & \cdots & \cdots & b_n & 0 & \cdots & 0 \\ 0 & b_0 & \cdots & \cdots & \cdots & b_{n-1} & b_n & \cdots & 0 \\ \\ . & . & \cdots & \cdots & \cdots & \cdots & \cdots & \cdots & . \\ \\ 0 & 0 & \cdots & 0 & b_0 & b_1 & \cdots & \cdots & b_n \end{pmatrix}$$

의 행렬식이라고 하면 $R(f,g)$는 mn차 동차 다항식이다.

이제 $\{[x_i,y_i,z_i]\,|\,1 \le i \le mn+1\} \subseteq C_1 \cap C_2$라고 하고 적절한 변수 변환을 하여 $[x_i,y_i,z_i] \ne [0,0,1]$ $(1 \le i \le mn+1)$라고 가정하자. λ_{ij} $(1 \le j \le m)$를 $f(x_i,y_i,z)$의 해라고 하고 μ_{ik} $(1 \le k \le n)$를 $g(x_i,y_i,z)$의 해라고 하면

$$R(f,g)(x_i,y_i) = a_0(x_i,y_i)^n b_0(x_i,y_i)^m \prod_{1\le j\le m,\,1\le k\le n} (\lambda_{ij} - \mu_{ik})$$

이므로 $R(f,g)(x_i,y_i) = 0$ $(1 \le i \le mn+1)$이고 $R(f,g) = 0$이다.

임의의 다항식

$$a(x,y,z) = \alpha_0(x,y) + \alpha_1(x,y)z + \cdots + \alpha_{n-1}(x,y)z^{n-1},$$
$$b(x,y,z) = \beta_0(x,y) + \beta_1(x,y)z + \cdots + \beta_{m-1}(x,y)z^{m-1}$$

에 대하여

$$c(x,y,z) = a(x,y,z)f(x,y,z) + b(x,y,z)g(x,y,z)$$

라고 하고

$$c(x,y,z) = \gamma_0(x,y) + \gamma_1(x,y)z + \cdots + \gamma_{m+n-1}(x,y)z^{m+n-1}$$

라고 하면

$$(\gamma_{m+n-1}, \cdots, \gamma_0) = (\alpha_{n-1}, \cdots, \alpha_0, \beta_{m-1}, \cdots, \beta_0)M \tag{8.1}$$

이므로 $c(x,y,z) = 0$을 만족시키는 0이 아닌 다항식 $a(x,y,z)$, $b(x,y,z)$가 존재한다.

이제

$$a(x,y,z)f(x,y,z) + b(x,y,z)g(x,y,z) = 0$$

이라고 하자. 만약에 $f(x,y,z)$와 $g(x,y,z)$가 유일 인수분해 정역 $\mathbb{C}[x,y,z]$에서 공통인수가 없다고 가정하면 $f(x,y,z)$의 인수들은 모두 $b(x,y,z)$의 인수가 된다. 그런데 이는 $b(x,y,z)$의 차수가 $f(x,y,z)$의 차수보다 작다는 사실에 모순이므로 $f(x,y,z)$와 $g(x,y,z)$는 공통인수를 가진다.

끝으로 동차 다항식 $f(x,y,z)$와 $g(x,y,z)$의 공통인수를 $h(x,y,z)$라고 하면 $h(x,y,z)$도 동차 다항식이고 방정식 $h(x,y,z) = 0$으로 정의되는 평면대수곡선 C는 $C \subseteq C_1 \cap C_2$를 만족시킨다. □

보조정리 8.2.1로부터 케일리-바하라흐(Cayley-Bacharach) 정리를 얻는다.

정리 8.2.2 (케일리-바하라흐). *두 삼차 평면대수곡선 C_1과 C_2가 정확히 9개의 서로 다른 점에서 만날 때, 그중 8개의 점을 지나는 또 다른 삼차 평면대수곡선 C_3는 나머지 한 점을 지난다.*

증명. 삼차 평면대수곡선 C_i $(i = 1, 2, 3)$는 삼차 동차 다항식 $f_i(x, y, z)$ $(i = 1, 2, 3)$으로 정의된다고 하자. f_3가 f_1과 f_2의 일차 결합이 아니라고 가정하면 임의의 두 점 P, $P' \in \mathbb{P}^2(\mathbb{C})$을 지나는 삼차 평면대수곡선 $C : a_1 f_1 + a_2 f_2 + a_3 f_3 = 0$ $(a_i \in \mathbb{C})$이 존재한다.

보조정리 8.2.1에 의하여 교점 중 어떤 4개의 점도 한 직선 위에 있지 않고 어떤 7개의 점도 한 이차 곡선 위에 있지 않다.

먼저 교점 중 세 점 P_1, P_2, P_3가 직선 L 위에 있다고 가정하자. L 위의 또 다른 한 점을 P라고 하고 교점 중 5개의 점 P_4, P_5, P_6, P_7, P_8을 지나는 유일한 이차 곡선 $Q : b_1x^2 + b_2y^2 + b_3z^z + b_4xy + b_5yz + b_6xz = 0$ $(b_i \in \mathbb{C})$과 L 밖의 또 다른 한 점을 P'이라고 하면 두 점 P, P'을 지나는 지나는 삼차 곡선 $C : a_1f_1 + a_2f_2 + a_3f_3 = 0$이 존재하고 보조정리 8.2.1에 의하여

$$Q \cup L = C$$

이다. 그런데 이는 $P' \notin Q \cup L$이라는 사실에 모순이므로 교점 중 어떤 세 점도 한 직선 위에 있지 않다.

다음으로 교점 중 6개의 점 $P_1, P_2, P_3, P_4, P_5, P_6$가 이차 곡선 Q 위에 있다고 가정하자. Q 위의 또 다른 한 점을 P라고 하고 교점 중 두 점 P_7, P_8을 지나는 유일한 직선 $L : b_1x + b_2y + b_3z = 0$ $(b_i \in \mathbb{C})$과 Q 밖의 또 다른 한 점을 P'이라고 하면 두 점 P, P'을 지나는 삼차 곡선 $C : a_1f_1 + a_2f_2 + a_3f_3 = 0$이 존재하고 보조정리 8.2.1에 의하여

$$Q \cup L = C$$

이다. 그런데 이는 $P' \notin Q \cup L$이라는 사실에 모순이므로 교점 중 어떤 6개의 점도 한 이차 곡선 위에 있지 않다.

이제 교점 중 두 점 P_1, P_2를 지나는 유일한 직선 L 위에 있고 교점 중 5개의 점 P_3, P_4, P_5, P_6, P_7을 지나는 유일한 이차 곡선 Q 밖에 있는 또 다른 두 점을 P, P'이라고 하면 두 점 P, P'을 지나는 삼차 곡선 $C : a_1f_1 + a_2f_2 + a_3f_3 = 0$이 존재하고 보조정리 8.2.1에 의하여

$$Q \cup L = C$$

이다. 따라서 $P_8 \in Q \cup L$이다. 그런데 이는 앞의 논의에 의해서 불가능하다.

그러므로 f_3는 f_1과 f_2의 일차 결합이고 삼차 평면대수곡선 C_3는 나

머지 한 점을 지난다. □

케일리-바하라흐 정리로부터 타원곡선의 점들의 덧셈이 결합법칙을 만족시킴을 알 수 있다.

정리 8.2.3. *P, Q 그리고 R이 타원곡선 E의 점일 때*

$$(P+Q)+R = P+(Q+R)$$

이다.

증명. 타원곡선 E 위의 8개의 점 O, P, Q, R, $P+Q$, $Q+R$, $-(P+Q)$, $-(Q+R)$이 서로 다르고 두 점 $-(P+(Q+R))$, $-((P+Q)+R)$과도 다르다고 하자. 이제 직선 $L_1 : PQ$, $L_2 : O(Q+R)$, $L_3 : R(P+Q)$를 포함하는 삼차 대수곡선을 C라고 하고 직선 $L_1' : P(Q+R)$, $L_2' : O(P+Q)$, $L_3' : QR$을 포함하는 삼차 대수곡선을 C'이라고 하자.

	L_1'	L_2'	L_3'
L_1	P	$-(P+Q)$	Q
L_2	$Q+R$	O	$-(Q+R)$
L_3	$-((P+Q)+R)$ $-(P+(Q+R))$	$P+Q$	R

이때 E와 C는 정확히 9개의 서로 다른 점 O, P, Q, R, $P+Q$, $Q+R$, $-(P+Q)$, $-(Q+R)$, $-((P+Q)+R)$에서 만나고 C'은 그중 8개의 점 O,

$P, Q, R, P+Q, Q+R, -(P+Q), -(Q+R)$을 지나므로 케일리-바하라흐 정리에 의해서 C'은 나머지 한 점 $-((P+Q)+R)$을 지난다. 따라서

$$-((P+Q)+R) = -(P+(Q+R))$$

이고 결합법칙이 성립한다.

끝으로 교점 중에 같은 점이 있는 경우에는

$$P+(P+R) = (P+P)+R$$

을 보이는 것으로 귀결되고 이는 보조정리 8.1.1을 이용한 직접 계산으로 증명된다(연습문제 8.2.6). □

이제 정리 8.1.2와 8.2.3으로부터 이 장의 목표인 다음 따름정리를 바로 얻는다.

따름정리 8.2.4. *타원곡선 $E : y^2 = x^3 + Ax + B$ $(A, B \in \mathbb{C})$의 점들의 집합*

$$E = \{(x, y) \in \mathbb{C}^2 \mid y^2 = x^3 + Ax + B\} \cup \{[0, 1, 0]\}$$

은 아벨군이다.

타원곡선 E의 바이어슈트라스 방정식

$$y^2 = x^3 + Ax + B$$

의 계수 A와 B가 유리수일 때, 타원곡선 E를 **유리수 위에서 정의된 타원곡선**이라고 부른다. 보조정리 8.1.1, 정리 8.1.2, 8.2.3으로부터 유리수 위에서 정의된 타원곡선 E의 유리수 점의 집합

$$E(\mathbb{Q}) = \{(x, y) \in \mathbb{Q}^2 \mid y^2 = x^3 + Ax + B\} \cup \{[0, 1, 0]\}$$

역시 아벨군임을 알 수 있다. 이때 아벨군 $E(\mathbb{Q})$를 타원곡선 E의 **모델-베유군**(Mordell-Weil group)이라고 부른다.

보기 8.2.5. 타원곡선 $E : y^2 = x^3 - x$ 위의 점 $(0, 0), (1, 0), (-1, 0) \in$

$E(\mathbb{Q})$에 대하여

$$(0,0)+(1,0)=(-1,0), \quad 2(0,0)=2(1,0)=2(-1,0)=O$$

이다. 따라서 집합 $\{O,(0,0),(1,0),(-1,0)\}$은 $E(\mathbb{Q})$의 부분군이다.

연습문제 8.2.6. P와 R이 타원곡선 E의 점일 때, 보조정리 8.1.1을 이용하여

$$(P+P)+R=P+(P+R)$$

을 보여라.

제 9 장

꼬임 부분군

유리수 위에서 정의된 타원곡선

$$E : y^2 = x^3 + Ax + B \quad (A, B \in \mathbb{Q})$$

의 모델-베유군 $E(\mathbb{Q})$의 **꼬임 부분군**(torsion subgroup) $E(\mathbb{Q})_{tor}$을 다음과 같이 정의하자.

$$E(\mathbb{Q})_{tor} = \{P \in E(\mathbb{Q}) \mid \text{어떤 자연수 } n\text{에 대하여 } nP = O\}.$$

꼬임 부분군 $E(\mathbb{Q})_{tor}$이 유한군임을 보인다.

제 1 절 p진 값매김

소수 p에 대하여 유리수 $\frac{a}{b} \neq 0$ (a와 b는 서로소인 정수)는

$$\frac{a}{b} = p^r \frac{a_1}{b_1} \ (p \nmid a_1 b_1, \ r\text{은 정수})$$

꼴로 쓸 수 있다. 이때 유리수 $\frac{a}{b}$의 p**진 값매김**(p-adic valuation) v_p를 다음과 같이 정의하자.

$$v_p(\frac{a}{b}) = r.$$

유리수 위에서 정의된 타원곡선

$$E : y^2 = x^3 + Ax + B \;\; (A, B \in \mathbb{Q})$$

는 동형 변수 변환 ($x' = u^2 x$, $y' = u^3 y$, $u \in \mathbb{Q}$)을 하여 계수 A, B를 정수라고 가정할 수 있다.

이제 유리수 위에서 정의된 타원곡선

$$E : y^2 = x^3 + Ax + B \;\; (A, B \in \mathbb{Z})$$

와 자연수 r에 대하여 $E(\mathbb{Q})$의 부분집합 $E^{(r)}$을 다음과 같이 정의하자.

$$E^{(r)} = \{(x, y) \in E(\mathbb{Q}) \,|\, v_p(x) \le -2r, \;\; v_p(y) \le -3r\} \cup \{O\}.$$

이때 단조 감소 수열

$$E^{(1)} \supseteq E^{(2)} \supseteq \cdots \supseteq \{O\}$$

을 얻는다.

보조정리 9.1.1. *유리수 점 $(x, y) \in E(\mathbb{Q})$에 대하여, "$v_p(x) < 0$"과 "$v_p(y) < 0$"은 동치다. 이때 $v_p(x) = -2r$ 그리고 $v_p(y) = -3r$, 즉 $v_p(\frac{x}{y}) = r$을 만족시키는 자연수 r이 있다. 따라서 "$(x, y) \in E^{(r)}$"과 "$v_p(\frac{x}{y}) \ge r$"은 동치이다.*

증명. "$v_p(x) < 0$"과 "$v_p(y) < 0$"이 동치임은 단순 계산으로 쉽게 알 수 있다. 이제 $v_p(y) = -k$ $(k > 0)$라고 하면 $v_p(y^2) = -2k$이고, $v_p(x) = -l$ $(l > 0)$이라고 하면 $v_p(x^3 + Ax + B) = -3l$이다. 따라서 $2k = 3l$이고 어떤 자연수 r에 대하여 $k = 3r$, $l = 2r$이다. □

자연수 k에 대하여 p^k가 유리수 $z = \frac{a}{b}$ (a와 b는 서로소인 정수)의 분자 a를 나눌 때,

$$p^k \,|\, z \;\text{ 또는 }\; z \equiv 0 \pmod{p^k}$$

라고 표시하자.

집합 $E^{(r)}$을 다룰 때는 아래의 보조정리와 같이 변수 변환을 하면 편리하다.

보조정리 9.1.2. *유리수 점* $(x, y) \in E(\mathbb{Q})$ $(y \neq 0)$*에 대하여*

$$s = \frac{1}{y}, \quad t = \frac{x}{y}$$

라고 하면 s*와* t*는*

$$s = t^3 + As^2t + Bs^3$$

을 만족시킨다. 이때 "$(x, y) \in E^{(r)}$*"과 "*$p^{3r} \mid s$*"는 동치다. 그리고* $p^{3r} \mid s$*이면* $p^r \mid t$*이다.*

증명. $(x, y) \in E^{(r)}$이면 p^{3r}이 y의 분모를 나누므로 p^{3r}이 s의 분자를 나눈다. 따라서 $p^{3r} \mid s$이다. 역으로 $p^{3r} \mid s$일 때, y의 분모를 나누는 p의 정확한 지수를 $3k$라 하면 $3k \geq 3r$이다. 보조정리 9.1.1에 의하여 x의 분모를 나누는 p의 정확한 지수는 $2k \geq 2r$이므로 p^{2r}은 x의 분모를 나눈다. 따라서 $(x, y) \in E^{(r)}$이다.

$p^{3r} \mid s$일 때, y의 분모를 나누는 p의 정확한 지수를 $3k$라 하면 $3k \geq 3r$이다. 보조정리 9.1.1에 의하여 t의 분자를 나누는 p의 정확한 지수는 $k \geq r$이므로 $p^r \mid t$이다. □

정리 9.1.3. $E^{(r)}$*은* $E(\mathbb{Q})$*의 부분군이다.*

증명. "타원곡선 위의 세 점을 더하면 O이다"와 "타원곡선 위의 세 점이 한 직선 위에 있다"는 동치이다. 그리고 $P \in E^{(r)}$이면 $-P \in E^{(r)}$이다. 따라서 세 점 $P_i = (x_i, y_i) \in E(\mathbb{Q})$ $(i = 1, 2, 3)$가 직선

$$L : ax + by + c = 0 \quad (a, b, c \in \mathbb{Q})$$

위에 있을 때, P_1, $P_2 \in E^{(r)}$이면 $P_3 \in E^{(r)}$임을 보이면 충분하다. 이는 세 점 (s_i, t_i) $(i = 1, 2, 3)$

$$s_i = \frac{1}{y_i}, \quad t_i = \frac{x_i}{y_i}$$

가 직선

$$L' : at + b + cs = 0 \quad (a, b, c \in \mathbb{Q})$$

위에 있을 때, P_1, $P_2 \in E^{(r)}$이면 $P_3 \in E^{(r)}$임을 보이는 것과 같다.

먼저 c는 0이 될 수 없음을 보이자. $c=0$이라고 가정하고

$$L' : t = d \quad (d \in \mathbb{Q})$$

라고 하자. 보조정리 9.1.1에 의하여 $p\,|\,d$이고 보조정리 9.1.2에 의하여 $p^{3r}\,|\,s_1, s_2$이다. 그런데 $p^k\,|\,(s_1-s_2)$ $(k \geq 1)$이면

$$s_1 = d^3 + Ads_1^2 + Bs_1^3 \equiv d^3 + Ads_2^2 + Bs_2^3 = s_2 \pmod{p^{k+1}}$$

이므로 모든 $k \geq 1$에 대하여 $p^k\,|\,(s_1-s_2)$이고 $s_1 = s_2$이다. 따라서 직선 $L' : t = d$은 점 $(s_1, t_1) = (s_2, t_2)$의 접선이다.

$$\frac{ds}{dt} = 3t^2 + As^2 + 2Ast\frac{ds}{dt} + 3Bs^2\frac{ds}{dt}$$

이므로 점 $(s_1, t_1) = (s_2, t_2)$의 접선의 기울기는

$$\frac{3t_1^2 + As_1^2}{1 - 2As_1t_1 - 3Bs_1^2}$$

이다. 그런데 $p\,|\,s_1$이므로

$$1 - 2As_1t_1 - 3Bs_1^2 \equiv 1 \pmod{p}$$

이고 $1-2As_1t_1-3Bs_1^2 \neq 0$이다. 따라서 $L' : t = d$은 점 $(s_1, t_1) = (s_2, t_2)$의 접선이 될 수 없다. 그러므로 $c \neq 0$이다.

이제 $c \neq 0$이라고 가정하고

$$L' : s = \alpha t + \beta \quad (\alpha, \beta \in \mathbb{Q})$$

라고 하자. $t_1 \neq t_2$이면 $\alpha = (s_2 - s_1)/(t_2 - t_1)$이므로

$$\alpha = \frac{t_2^2 + t_1t_2 + t_1^2 + As_2^2}{1 - A(s_1+s_2)t_1 - B(s_2^2 + s_1s_2 + s_1^2)}$$

이다. $t_1 = t_2$이면 $s_1 = s_2$이고 L은 접선이므로

$$\alpha = \frac{3t_1^2 + As_1^2}{1 - 2As_1t_1 - 3Bs_1^2} = \frac{t_2^2 + t_1t_2 + t_1^2 + As_2^2}{1 - A(s_1+s_2)t_1 - B(s_2^2 + s_1s_2 + s_1^2)}$$

이다.

보조정리 9.1.2에 의하여 $p^{3r} \mid s_1, s_2$이므로 α의 분모는

$$1 - A(s_1 + s_2)t_1 - B(s_2^2 + s_1 s_2 + s_1^2) \equiv 1 \pmod p$$

이다. 보조정리 9.1.2에 의하여 $p^r \mid t_1, t_2$이므로 α의 분자는

$$t_2^2 + t_1 t_2 + t_1^2 + A s_2^2 \equiv 0 \pmod{p^{2r}}$$

이고

$$\alpha \equiv 0 \pmod{p^{2r}}$$

이다. 따라서

$$\beta = s_i - \alpha t_i \equiv 0 \pmod{p^{3r}}$$

이다. 그런데

$$\alpha t_i + \beta = t_i^3 + A(\alpha t_i + \beta)^2 t_i + B(\alpha t_i + \beta)^3$$

이므로

$$0 = t_i^3 + \frac{2A\alpha\beta + 3B\alpha^2\beta}{1 + B\alpha^3 + A\alpha^2} t_i^2 + \cdots$$

이고

$$t_1 + t_2 + t_3 = -\frac{2A\alpha\beta + 3B\alpha^2\beta}{1 + B\alpha^3 + A\alpha^2} \equiv 0 \pmod{p^{5r}} \tag{9.1}$$

이다. 따라서

$$t_3 \equiv 0 \pmod{p^r}, \quad s_3 = \alpha t_3 + \beta \equiv 0 \pmod{p^{3r}}$$

이고 보조정리 9.1.2에 의하여

$$P_3 \in E^{(r)}$$

이다. □

따름정리 9.1.4. 함수

$$\phi_r : E^{(r)}/E^{(5r)} \to \mathbb{Z}/p^{4r}\mathbb{Z}, \quad (x, y) \mapsto p^{-r}\frac{x}{y} \pmod{p^{4r}}, \;\; O \mapsto 0$$

은 단사 군 준동형사상이다.

증명. 세 점 $P_i = (x_i, y_i) \in E^{(r)}$ $(i = 1, 2, 3)$가 직선

$$L : ax + by + c = 0 \quad (a, b, c \in \mathbb{Q})$$

위에 있을 때, $t_i = \frac{x_i}{y_i}$라고 하면 식 (9.1)에 의해서

$$\phi_r(P_1) + \phi_r(P_2) + \phi_r(P_3) = p^{-r}(t_1 + t_2 + t_3) \equiv 0 \pmod{p^{4r}}$$

이다. 따라서 ϕ_r은 군 준동형사상이다. 또한 $\phi_r(x, y) \equiv 0 \pmod{p^{4r}}$이면 $v_p(\frac{x}{y}) \geq 5r$이므로 $(x, y) \in E^{(5r)}$이다. 따라서 ϕ_r은 단사이다. □

따름정리 9.1.5. *자연수 $n > 1$이 소수의 거듭제곱이 아니면 $nP = O$, $mP \neq O$ $(1 \leq m < n)$을 만족시키는 점 $P \in E^{(1)}$는 없다.*

증명. 자연수 $n > 1$이 소수의 거듭제곱이 아니면 어떤 소수 p에 대하여 $n = p^k n'$ $(k \geq 1,\ n' > 1,\ p \nmid n')$ 꼴로 쓸 수 있다. 점 $P \in E^{(1)}$가 $nP = O$, $mP \neq O$ $(1 \leq m < n)$을 만족시키면 $p^k P \neq O$이다. 이때, $p^k P \in E^{(r)}$을 만족시키는 가장 큰 자연수를 r이라고 하면

$$n'\phi_r(p^k P) = \phi_r(nP) = \phi_r(O) \equiv 0 \pmod{p^{4r}}$$

이다. $p \nmid n'$이므로 $\phi_r(p^k P) \equiv 0 \pmod{p^{4r}}$이고 따름정리 9.1.4에 의하여 $p^k P \in E^{(5r)}$이다. 그런데 이는 r이 이러한 성질을 만족시키는 가장 큰 수라는 사실에 모순이므로 $nP = O$, $mP \neq O$ $(1 \leq m < n)$을 만족시키는 점 $P \in E^{(1)}$는 없다. □

제 2 절 루츠-나겔 정리

유리수 위에서 정의된 타원곡선의 꼬임 부분군을 다음 루츠-나겔(Lutz-Nagell) 정리를 이용하여 완전히 계산할 수 있다.

정리 9.2.1 (루츠-나겔)**.** *유리수 위에서 정의된 타원곡선*

$$E : y^2 = x^3 + Ax + B \quad (A, B \in \mathbb{Z})$$

위의 유리수 점 $P = (x, y) \in E(\mathbb{Q})$가 $P \in E(\mathbb{Q})_{tor}$이면 $x, y \in \mathbb{Z}$이다. 특히 $y \neq 0$이면

$$y^2 \mid 4A^3 + 27B^2$$

이다.

증명. $x \notin \mathbb{Z}$ 또는 $y \notin \mathbb{Z}$라고 하면 x 또는 y의 분모를 나누는 소수 p가 있다. 따라서 어떤 자연수 r에 대하여 $P \in E^{(r)}$이다(보조정리 9.1.1). 점 P가 양의 정수 n에 대하여 $nP = O$, $mP \neq O$ $(1 \leq m < n)$을 만족시키면 n은 p의 거듭제곱이다(따름정리 9.1.5). 이제 $Q = \frac{n}{p}P = (x', y')$라고 하고 $Q \in E^{(k)}$, $Q \notin E^{(k+1)}$라고 하면 $v_p(\frac{x'}{y'}) = k$이므로

$$\phi_k(Q) \not\equiv 0 \pmod{p}$$

이고

$$p\phi_k(Q) - \phi_k(pQ) - \phi_k(O) \equiv 0 \pmod{p^{4k}}$$

이다. 따라서

$$\phi_k(Q) \equiv 0 \pmod{p^{4k-1}}$$

이다. 그런데 이는 $\phi_k(Q) \not\equiv 0 \pmod{p}$라는 사실에 모순이므로 $x, y \in \mathbb{Z}$이다.

이제 $y \neq 0$이라고 하자. $2P = (x'', y'')$는 O이 아니고 $E(\mathbb{Q})_{tor}$의 원소이므로 $x'', y'' \in \mathbb{Z}$이다. 연습문제 8.1.3에 의하여

$$x'' = \frac{x^4 - 2Ax^2 - 8Bx + A^2}{4y^2}$$

이므로

$$y^2 \mid x^4 - 2Ax^2 - 8Bx + A^2$$

이다. 그런데

$$f(x) = x^4 - 2Ax^2 - 8Bx + A^2, \quad g(x) = x^3 + Ax + B$$

라고 하면 $R(f, g) = (4A^3 + 27B^2)^2 \neq 0$이고

$$(0, 0, 0, 0, 0, 0, 4A^3 + 27B^2)M^{-1} = (3, 0, 4A, -3, 0, 5A, 27B)$$

이므로 식 (8.1)에 의하여

$$\begin{aligned} 4A^3+27B^2 &= (3x^2+4A)(x^4-2Ax^2-8Bx+A^2) \\ &- (3x^3-5Ax-27B)(x^3+Ax+B) \end{aligned}$$

이다. 그러므로

$$y^2 \,|\, 4A^3+27B^2$$

이다. □

루츠-나겔 정리로부터 이 장의 목표인 다음 따름정리를 쉽게 얻는다.

따름정리 9.2.2. *유리수 위의 타원곡선 E의 모델-베유군 $E(\mathbb{Q})$의 꼬임 부분군 $E(\mathbb{Q})_{tor}$은 유한군이다.*

보기 9.2.3. 타원곡선 E가 방정식

$$E: y^2 = x^3 - x$$

으로 정의될 때,

$$E(\mathbb{Q})_{tor} = \{O, (0,0), (1,0), (-1,0)\} \cong \mathbb{Z}/2\mathbb{Z} \times \mathbb{Z}/2\mathbb{Z}$$

를 보이자.

$(x,y) \in E(\mathbb{Q})_{tor}$ $(y \neq 0)$이면 정리 9.2.1에 의하여

$$y^2 \,|\, 4 \quad (y \in \mathbb{Z})$$

이다. 따라서 $y = \{\pm 1, \pm 2\}$이다. 이제 단순계산에 의하여 방정식

$$1 \text{ 또는 } 4 = x^3 - x$$

를 만족시키는 $x \in \mathbb{Z}$가 없음을 안다. 끝으로 보기 8.2.5로부터 원하는 결과를 얻는다.

연습문제 9.2.4. 타원곡선

$$E: y^2 = x^3 - n^2 x \ \ (n \in \mathbb{Z})$$

의 모델-베유군 $E(\mathbb{Q})$의 꼬임 부분군은

$$E(\mathbb{Q})_{tor} = \{O, (0,0), (n,0), (-n,0)\}$$

임을 보여라.

끝으로 메이저(Mazur [Ma]) 정리를 소개한다. 증명은 이 책의 범위를 벗어나므로 생략한다.

정리 9.2.5 (메이저)**.** *유리수 위의 타원곡선 E의 모델-베유군 $E(\mathbb{Q})$의 꼬임 부분군 $E(\mathbb{Q})_{tor}$은 다음 15개의 군 중 하나와 동형이다.*

$$\begin{array}{ll} \mathbb{Z}/N\mathbb{Z} & 1 \leq N \leq 10 \text{ 또는 } N = 12, \\ \mathbb{Z}/2\mathbb{Z} \times \mathbb{Z}/2N\mathbb{Z} & 1 \leq N \leq 4. \end{array}$$

제 10 장

모델-베유 정리

유리수 위에서 정의된 타원곡선

$$E : y^2 = x^3 + Ax + B \ \ (A, B \in \mathbb{Z})$$

의 모델-베유군 $E(\mathbb{Q})$이 유한생성군임을 보인다.

제 1 절　약한 모델-베유 정리, 특별한 경우

약한 모델-베유 정리(weak Mordell-Weil Theorem)는 다음과 같다.

정리 10.1.1 (약한 모델-베유 정리). *유리수 위에서 정의된 타원곡선 E의 잉여군 $E(\mathbb{Q})/2E(\mathbb{Q})$은 유한군이다.*

유리수 위에서 정의된 타원곡선

$$E : y^2 = x^3 + Ax + B \ \ (A, B \in \mathbb{Z})$$

를

$$E : y^2 = (x - \alpha)(x - \beta)(x - \gamma) \quad (\alpha, \beta, \gamma \in \mathbb{C})$$

꼴로 쓸 때, $\alpha, \beta, \gamma \in \mathbb{Z}$인 특별한 경우는 1절에서, 그렇지 않은 일반적인 경우는 2절에서 다룬다.

먼저 $\alpha, \beta, \gamma \in \mathbb{Z}$라고 가정하자.

정리 10.1.2. *유리수 위에서 정의된 타원곡선 E를 다음 꼴로*

$$E : y^2 = (x-\alpha)(x-\beta)(x-\gamma) \quad (\alpha, \beta, \gamma \in \mathbb{Z})$$

쓸 수 있을 때,

(1) 함수

$$\begin{array}{rcl} \phi : E(\mathbb{Q}) & \to & (\mathbb{Q}^*/\mathbb{Q}^{*2}) \times (\mathbb{Q}^*/\mathbb{Q}^{*2}) \times (\mathbb{Q}^*/\mathbb{Q}^{*2}) \\ (x, y) & \mapsto & (x-\alpha, x-\beta, x-\gamma) \quad (\text{단 } y \neq 0) \\ O & \mapsto & (1, 1, 1) \\ (\alpha, 0) & \mapsto & ((\alpha-\beta)(\alpha-\gamma), \alpha-\beta, \alpha-\gamma) \\ (\beta, 0) & \mapsto & (\beta-\alpha, (\beta-\alpha)(\beta-\gamma), \beta-\gamma) \\ (\gamma, 0) & \mapsto & (\gamma-\alpha, \gamma-\beta, (\gamma-\alpha)(\gamma-\beta)) \end{array}$$

는 준동형사상이다.

(2) $\ker(\phi) = 2E(\mathbb{Q})$*이다.*

증명. (1) 먼저 $P \in E(\mathbb{Q})$에 대하여

$$\phi(P)\phi(O) = \phi(P) = \phi(P+O)$$

이다. 그리고 $P = (\alpha, 0)$, $Q = (\beta, 0)$, $R = (\gamma, 0)$라고 하면

$$\begin{array}{rcl} \phi(P)\phi(Q) & = & ((\alpha-\beta)^2(\gamma-\alpha), (\alpha-\beta)^2(\gamma-\beta), (\gamma-\alpha)(\gamma-\beta) \\ & = & \phi(R) = \phi(P+Q) \end{array}$$

이다. 같은 방법으로

$$\phi(Q)\phi(R) = \phi(Q+R), \quad \phi(P)\phi(R) = \phi(P+R)$$

이다.

이제 세 점 $P_1 = (x_1, y_1)$, $P_2 = (x_2, y_2)$, $P_3 = (x_3, y_3) \in E(\mathbb{Q})$이 직선 $y = ax + b$ 위에 있고 y_1, y_2, y_3 중 적어도 2개가 0이 아닐 때,

$$\phi(P_i)\phi(P_j) = \phi(P_i + P_j) \quad (i, j = 1, 2, 3)$$

을 보이면 된다.

세 점 $P_1 = (x_1, y_1)$, $P_2 = (x_2, y_2)$, $P_3 = (x_3, y_3) \in E(\mathbb{Q})$이 직선 $y = ax + b$ 위에 있으면

$$(x-\alpha)(x-\beta)(x-\gamma) - (ax+b)^2 = (x-x_1)(x-x_2)(x-x_3)$$

이다.

먼저 $y_1, y_2, y_3 \neq 0$이라고 하면

$$(x_1-\alpha)(x_2-\alpha)(x_3-\alpha) = (a\alpha+b)^2 \in \mathbb{Q}^{*2}$$

이고, 마찬가지로

$$(x_1-\beta)(x_2-\beta)(x_3-\beta), \ \ (x_1-\gamma)(x_2-\gamma)(x_3-\gamma) \in \mathbb{Q}^{*2}$$

이다. 따라서

$$\phi(P_1)\phi(P_2)\phi(P_3) = (1,1,1) \in (\mathbb{Q}^*/\mathbb{Q}^{*2}) \times (\mathbb{Q}^*/\mathbb{Q}^{*2}) \times (\mathbb{Q}^*/\mathbb{Q}^{*2})$$

이다. 그런데

$$\phi(P_3)^{-1} = \phi(P_3) = \phi(-P_3)$$

이므로

$$\phi(P_1)\phi(P_2) = \phi(-P_3) = \phi(P_1 + P_2)$$

이다. 같은 방법으로

$$\phi(P_1)\phi(P_3) = \phi(P_1 + P_3), \quad \phi(P_2)\phi(P_3) = \phi(P_2 + P_3)$$

이다.

끝으로 $y_1 = 0$, $y_2, y_3 \neq 0$이라고 하자. 편의상 $x_1 = \alpha$라고 하면

$$ax + b = a(x - \alpha)$$

이고

$$(x-\beta)(x-\gamma)-a^2(x-\alpha)=(x-x_2)(x-x_3)$$

이다. 따라서 $\phi=(\phi_1,\phi_2,\phi_3)$라고 하면

$$\phi_1(P_1)=(\alpha-\beta)(\alpha-\gamma)=(\alpha-x_2)(\alpha-x_3)=\phi_1(P_2)\phi_1(P_3)$$

이다. 마찬가지로

$$\phi_2(P_1)=\phi_2(P_2)\phi_2(P_3),\quad \phi_3(P_1)=\phi_3(P_2)\phi_3(P_3)$$

이다. 그런데 $\phi_i(P_j)=\phi_i(P_j)^{-1}$ $(i,j=1,2,3)$이므로

$$\phi_i(P_1)\phi_i(P_2)=\phi_i(P_3)=\phi_i(-P_3)=\phi_i(P_1+P_2)\quad (i=1,2,3)$$

이다. 따라서

$$\phi(P_1)\phi(P_2)=\phi(P_1+P_2)$$

이다. 같은 방법으로

$$\phi(P_1)\phi(P_3)=\phi(P_1+P_3),\quad \phi(P_2)\phi(P_3)=\phi(P_2+P_3)$$

이다.

(2) $(x,y)\in\ker(\phi)$, 즉

$$x-\alpha=u^2,\ x-\beta=v^2,\ x-\gamma=w^2$$

일 때,

$$(x,y)=2P\quad (P\in E(\mathbb{Q}))$$

를 보이면 된다. 이차식

$$f(T)=a_0+a_1T+a_2T^2$$

가

$$f(\alpha)=u,\ f(\beta)=v,\ f(\gamma)=w$$

을 만족시킬 때,

$$g(T)=x-T-f(T)^2$$

라고 하면

$$g(\alpha) = g(\beta) = g(\gamma) = 0$$

이다. 따라서

$$T^3 + AT + B = (T-\alpha)(T-\beta)(T-\gamma) \mid g(T)$$

이고

$$x - T \equiv (a_0 + a_1 T + a_2 T^2)^2 \pmod{T^3 + AT + B}$$

이다. 한편

$$T^3 \equiv -AT - B,\ T^4 = T \cdot T^3 \equiv -AT^2 - BT \pmod{T^3 + AT + B}$$

이므로

$$\begin{aligned} & x - T \\ \equiv\ & (a_0 + a_1 T + a_2 T)^2 \\ \equiv\ & a_0^2 + 2a_oa_1T + (a_1^2 + 2a_oa_2)T^2 + 2a_1a_2T^3 + a_2^2T^4 \\ \equiv\ & (a_0^2 - 2Ba_1a_2) + (2a_0a_1 - 2Aa_1a_2 - Ba_2^2)T + (a_1^2 + 2a_0a_2 - Aa_2^2)T^2 \\ & \pmod{T^3 + AT + B} \end{aligned}$$

이다. 따라서

$$x - T = (a_0^2 - 2Ba_1a_2) + (2a_0a_1 - 2Aa_1a_2 - Ba_2^2)T + (a_1^2 + 2a_0a_2 - Aa_2^2)T^2$$

이고

$$x = a_0^2 - 2Ba_1a_2 \qquad (10.1)$$

$$-1 = 2a_0a_1 - 2Aa_1a_2 - Ba_2^2 \qquad (10.2)$$

$$0 = a_1^2 + 2a_0a_2 - Aa_2^2 \qquad (10.3)$$

이다. $a_2 = 0$이면 식 (10.3)에 의하여 $a_1 = 0$이므로 $u = v = w$이고 $\alpha = \beta = \gamma$이다. 이는 불가능하므로 $a_2 \neq 0$이다. 이제 식 (10.3)에 a_1/a_2^3을 곱해서

$$0 = (\frac{a_1}{a_2})^3 + 2\frac{a_0a_1}{a_2^2} - A(\frac{a_1}{a_2}) \qquad (10.4)$$

을 얻고 식 (10.2)에 $1/a_2^2$을 곱해서

$$-(\frac{1}{a_2})^2 = 2\frac{a_0a_1}{a_2^2} - 2A(\frac{a_1}{a_2}) - B \tag{10.5}$$

를 얻는다. 식 (10.4)에서 식 (10.5)를 빼면

$$(\frac{1}{a_2})^2 = (\frac{a_1}{a_2})^3 + A(\frac{a_1}{a_2}) + B$$

이고

$$x_1 = \frac{a_1}{a_2}, \quad y_1 = \frac{1}{a_2}$$

라 하면 $(x_1, \pm y_1) \in E(\mathbb{Q})$이다. 식 (10.3)에 의하여

$$a_0 = \frac{Aa_2^2 - a_1^2}{2a_2} = \frac{A - x_1^2}{2y_1}$$

이고 식 (10.1)에 의하여

$$x = \frac{x_1^4 - 2Ax_1^2 - 8Bx_1 + A^2}{4y_1^2}$$

이므로 $2(x_1, y_1) = \pm(x, y)$이다(연습문제 8.1.3). 따라서 $(x, y) = 2(x_1, y_1)$ 또는 $2(x_1, -y_1)$이다. □

따름정리 10.1.3. *유리수 위에서 정의된 타원곡선 E를 다음 꼴로*

$$E : y^2 = (x - \alpha)(x - \beta)(x - \gamma) \quad (\alpha, \beta, \gamma \in \mathbb{Z})$$

쓸 수 있을 때, 잉여군 $E(\mathbb{Q})/2E(\mathbb{Q})$은 유한군이다.

증명. 정리 10.1.2에 의하여 단사 함수

$$E(\mathbb{Q})/2E(\mathbb{Q}) \hookrightarrow (\mathbb{Q}^*/\mathbb{Q}^{*2}) \times (\mathbb{Q}^*/\mathbb{Q}^{*2}) \times (\mathbb{Q}^*/\mathbb{Q}^{*2})$$

를 얻는다. 그리고 $(x, y) \in E(\mathbb{Q})$에 대하여

$$x - \alpha = au^2, \quad x - \beta = bv^2, \quad x - \gamma = cw^2 \tag{10.6}$$

(a, b, c는 제곱인수가 없는 정수, u, v, w는 유리수) 꼴로 쓸 수 있다. 따라서 식 (10.6)을 만족시키는 정수 a, b, c의 개수가 유한하면 $E(\mathbb{Q})/2E(\mathbb{Q})$도 유한군이다. 그러므로 소수 p가 $p\,|\,abc$일 때,

$$p\,|\,(\alpha-\beta)(\alpha-\gamma)(\beta-\gamma)$$

임을 보이면 증명이 끝난다.

먼저 $p\,|\,a$라고 가정하자. $v_p(x-\alpha)=k$라고 하면 k는 홀수이다. $k<0$이면 $v_p(x-\beta)=v_p(x-\gamma)=k$이므로 $v_p(y^2)=3k$이다. 그러나 이는 불가능하므로 $k>0$이다. $k>0$이면 $x\equiv\alpha \pmod p$이므로

$$x-\beta\equiv\alpha-\beta,\quad x-\gamma\equiv\alpha-\gamma \pmod p$$

이다. 따라서 $p\nmid(\alpha-\beta)(\alpha-\gamma)(\beta-\gamma)$이면 $v_p(y^2)=k$이다. 그러나 이는 불가능하므로

$$p\,|\,(\alpha-\beta)(\alpha-\gamma)(\beta-\gamma)$$

이다. $p\,|\,b$ 또는 $p\,|\,c$인 경우도 마찬가지이다. □

제 2 절 약한 모델-베유 정리, 일반적인 경우

유리수 위에서 정의된 타원곡선

$$E : y^2 = x^3 + Ax + B \ \ (A, B \in \mathbb{Z})$$

를

$$E : y^2 = (x-\alpha)(x-\beta)(x-\gamma) \quad (\alpha, \beta, \gamma \in \mathbb{C})$$

꼴로 쓰면 α, β, γ는 대수적 정수이고 체

$$K = \mathbb{Q}(\alpha, \beta, \gamma)$$

는 갈루아 확대체인 수체이다. 그리고 보조정리 8.1.1, 정리 8.1.2, 8.2.3으로부터 집합

$$E(K) = \{(x, y) \in K^2\,|\,y^2 = x^3 + Ax + B\} \cup \{[0, 1, 0]\}$$

역시 아벨군임을 알 수 있다.

정리 10.2.1. *유리수 위에서 정의된 타원곡선*

$$E : y^2 = (x-\alpha)(x-\beta)(x-\gamma) \quad (\alpha, \beta, \gamma \in \mathbb{C})$$

에 대하여

$$K = \mathbb{Q}(\alpha, \beta, \gamma)$$

라고 할 때, $E(K)/2E(K)$가 유한군이면 $E(\mathbb{Q})/E(\mathbb{Q})$는 유한군이다.

증명. 준동형사상

$$\theta : E(\mathbb{Q})/2E(\mathbb{Q}) \to E(K)/2E(K)$$

의 $\ker(\theta)$가 유한집합임을 보이면 된다.

$(x, y) \in E(K)$와 $\sigma \in \mathrm{G}(K/\mathbb{Q})$에 대하여 $\sigma(x, y) = (\sigma(x), \sigma(y))$라고 하자. 이제 $P \in \ker(\theta)$일 때, $P = 2Q_p$ $(Q_p \in E(K))$라고 하면 $\sigma \in \mathrm{G}(K/\mathbb{Q})$에 대하여

$$2(\sigma(Q_p) - Q_p) = 2\sigma(Q_p) - 2Q_p = \sigma(P) - P = O$$

이므로 함수

$$\lambda_P : \mathrm{G}(K/\mathbb{Q}) \to E(K)[2] = \{Q \in E(K) \,|\, 2Q = 0\}, \quad \sigma \mapsto \sigma(Q_p) - Q_p$$

를 얻는다. 이때, $\lambda_P = \lambda_{P'}$이면 모든 $\sigma \in \mathrm{G}(K/\mathbb{Q})$에 대하여

$$\sigma(Q_P) - Q_P = \sigma(Q_{P'}) - Q_{P'}$$

이므로

$$\sigma(Q_{P'} - Q_P) = Q_{P'} - Q_P$$

이다. 따라서 $Q_{P'} - Q_P \in E(\mathbb{Q})$이고

$$P' - P = 2(Q_{P'} - Q_P) \in 2E(\mathbb{Q})$$

이다. 따라서

$$|\ker(\theta)| \le |\{\lambda : \mathrm{G}(K/\mathbb{Q}) \to E(K)[2]\}|$$

이고 $\ker(\theta)$는 유한집합이다. □

정리 10.2.2. *유리수 위에서 정의된 타원곡선*

$$E : y^2 = (x-\alpha)(x-\beta)(x-\gamma) \quad (\alpha, \beta, \gamma \in \mathbb{C})$$

에 대하여

$$K = \mathbb{Q}(\alpha, \beta, \gamma)$$

라고 할 때, $E(K)/2E(K)$는 유한군이다.

증명. 먼저 정리 10.1.2와 같은 방법으로 단사 함수

$$E(K)/2E(K) \hookrightarrow (K^*/K^{*2}) \times (K^*/K^{*2}) \times (K^*/K^{*2})$$

를 얻는다.

수체 K의 유군을

$$\mathcal{C}_K = \{C_1, \cdots, C_{h_K}\}$$

라고 할 때, A_K의 아이디얼 $\mathfrak{a}_i \in C_i$에서 0이 아닌 원소 a_i를 하나씩 선택해서 $a = a_1 \cdots a_{h_K}$라고 하고 $S = \{1, a, a^2, \cdots\}$라고 하면 $S^{-1}A_K$는 주 아이디얼 정역이므로(연습문제 5.1.8) 유일 인수분해 정역이다.

이제 $(x, y) \in E(K)$에 대하여

$$x - \alpha = au^2, \quad x - \beta = bv^2, \quad x - \gamma = cw^2$$

(a, b, c는 제곱인수가 없는 $S^{-1}A_K$의 원소, u, v, w는 K의 원소) 꼴로 쓸 수 있고 따름정리 10.1.3과 같은 방법으로

$$p \,|\, abc$$

를 만족시키는 $S^{-1}A_K$의 소수 p는

$$p \,|\, (\alpha-\beta)(\alpha-\gamma)(\beta-\gamma)$$

를 만족시킴을 안다. 그리고 $(S^{-1}A_K)^*$는 유한생성군이므로(연습문제 5.1.8) $(S^{-1}A_K)^*/(S^{-1}A_K)^{*2}$은 유한군이다. 따라서 $E(K)/2E(K)$은 유한군이다. □

정리 10.2.1과 10.2.2로부터 약한 모델-베유 정리를 바로 얻는다.

제 3 절 높이

유리수 $\frac{a}{b}$ (a, b는 서로소인 정수)의 **높이**는

$$h(\frac{a}{b}) = \log\max(|a|, |b|)$$

로 정의되고, 유리수 위에서 정의된 타원곡선

$$E : y^2 = x^3 + Ax + B \ \ (A, B \in \mathbb{Z})$$

의 유리수 점 $P = (x, y) \in E(\mathbb{Q})$의 **높이**는 다음과 같이 정의된다.

$$h(P) = h(x), \quad h(O) = 0.$$

정리 10.3.1. *유리수 위에서 정의된 타원곡선 E의 높이 h는 다음을 만족시킨다.*

$$h(2P) = 4h(P) + O(1) \quad (P \in E(\mathbb{Q})).$$

이때, $O(1)$은 점 $P \in E(\mathbb{Q})$와 독립적이다.

증명. 점 $P = (x, y) \in E(\mathbb{Q})$에 대하여 $2P = (x', y')$라고 하면

$$x' = \frac{x^4 - 2Ax^2 - 8Bx + A^2}{4(x^3 + Ax + B)}$$

이다(연습문제 8.1.3). 따라서

$$\begin{aligned} x &= \frac{a}{b} \ \ (a,\ b\text{는 서로소인 정수}), \\ a' &= a^4 - 2Aa^2b^2 - 8Bab^3 + A^2b^4, \\ b' &= 4b(a^3 + Aab^2 + Bb^3) \end{aligned}$$

라고 하면 $x' = \frac{a'}{b'}$이다. 이때, $\delta = (a', b')$, $a'' = \frac{a'}{\delta}$, $b'' = \frac{b'}{\delta}$라고 하면

$x' = \frac{a''}{b''}$ (a'', b''는 서로소인 정수)이다. 따라서

$$\begin{aligned} \max(|a''|,|b''|) &\leq \max(|a'|,|b'|) \\ &\leq \max(|a|,|b|)^4 \\ &\quad \times \max(1+2|A|+8|B|+A^2, 4(1+|A|+|B|)) \\ &= C_{A,B}\max(|a|,|b|)^4 \end{aligned}$$

을 만족시키는 상수 $C_{A,B}$가 있다. 그러므로

$$h(2P) \leq 4h(P) + \log C_{A,B}$$

이다.

이제 반대 방향의 부등식을 보이자. 다음 등식

$$\begin{aligned} -4(4A^3+27B^2)b^7 &= (3a^3-5Aab^2-27Bb^3)b' - 4(3a^2b+4Ab^3)a' \\ -4(4A^3+27B^2)a^7 &= -[A^2Ba^3+(5A^4+32AB^2)a^2b \\ &\quad +(26A^3B+192B^3)ab^2-3(A^5+8A^2B^2)b^3]b' \\ &\quad -4[(4A^3+27B^2)a^3-A^2Ba^2b \\ &\quad +(3A^4+22AB^2)ab^2+3(A^3B+8B^3)b^3]a' \end{aligned}$$

으로부터 다음 부등식

$$\max(|a|,|b|)^7 \leq C'_{A,B}\max(|a|,|b|)^3\max(|a'|,|b'|)$$

을 만족시키는 상수 $C'_{A,B}$가 있음을 안다. 따라서

$$\max(|a|,|b|)^4 \leq C'_{A,B}\max(|a'|,|b'|)$$

이다. 한편

$$\delta \,|\, 4(4A^3+27B^2)a^7,\ \ \delta \,|\, 4(4A^3+27B^2)b^7$$

이고 $(a,b)=1$이므로

$$\delta \,|\, 4(4A^3+27B^2)$$

이다. 따라서

$$\max(|a'|,|b'|) \leq C''_{A,B}\max(|a''|,|b''|)$$

을 만족시키는 상수 $C''_{A,B}$가 있고

$$\max(|a|,|b|)^4 \le C'_{A,B}C''_{A,B}\max(|a''|,|b''|)$$

이다. 그러므로

$$4h(P) \le h(2P) + \log C'_{A,B}C''_{A,B}$$

이다. □

정리 10.3.2. *유리수 위에서 정의된 타원곡선 E에 대하여 다음 (1), (2)를 만족시키는 함수*

$$\hat{h} : E(\mathbb{Q}) \to \mathbb{R}$$

가 유일하게 존재한다.

(1) *$\hat{h} - h$는 유계이다.*

(2) *$\hat{h}(2P) = 4\hat{h}(P)$.*

이때

$$\hat{h}(P) = \lim_{n\to\infty}\frac{h(2^nP)}{4^n}$$

이고 $\hat{h}$를 표준높이(canonical height)라고 부른다.

증명. 먼저 유일성을 증명하자. (1), (2)를 만족시키면 어떤 상수 C에 대하여

$$|4^n\hat{h}(P) - h(2^nP)| = |\hat{h}(2^nP) - h(2^nP)| \le C$$

이므로

$$\left|\hat{h}(P) - \frac{h(2^nP)}{4^n}\right| \le \frac{C}{4^n}$$

이다. 따라서 $\hat{h}(P) = \lim_{n\to\infty}\frac{h(2^nP)}{4^n}$이어야만 한다.

이제 존재성을 증명하자. 정리 10.3.1에 의해서 어떤 상수 C에 대하여

$$|h(2Q) - 4h(Q)| \le C'$$

이므로 임의의 자연수 $M < N$에 대하여

$$\begin{aligned}\left|\frac{h(2^N P)}{4^N} - \frac{h(2^M P)}{4^M}\right| &= \left|\sum_{n=M}^{N-1}\left(\frac{h(2^{n+1}P)}{4^{n+1}} - \frac{h(2^n P)}{4^n}\right)\right| \\ &\leq \sum_{n=M}^{N-1}\frac{|h(2^{n+1}P) - 4h(2^n P)|}{4^{n+1}} \\ &\leq \sum_{n=M}^{N-1}\frac{C'}{4^{n+1}} \\ &\leq \frac{C'}{3\cdot 4^M}\end{aligned}$$

이다. 따라서 $M \to \infty$일 때,

$$\left|\frac{h(2^N P)}{4^N} - \frac{h(2^M P)}{4^M}\right| \to 0$$

이고

$$\hat{h}(P) = \lim_{n\to\infty}\frac{h(2^n P)}{4^n}$$

는 잘 정의된다. 또한 $M = 0$, $N \to \infty$라고 하면

$$|\hat{h}(P) - h(P)| \leq \frac{C'}{3}$$

이므로 (1)을 만족시키고

$$4\hat{h}(P) = \lim_{n\to\infty}\frac{h(2^n P)}{4^{n-1}} = \lim_{n\to\infty}\frac{h(2^{n-1}(2P))}{4^{n-1}} = \hat{h}(2P)$$

이므로 (2)를 만족시킨다. □

정리 10.3.3. *유리수 위에서 정의된 타원곡선 E의 표준높이 $\hat{h}$는 다음을 만족시킨다.*

$$\hat{h}(P+Q) + \hat{h}(P-Q) = 2\hat{h}(P) + 2\hat{h}(Q) \quad (P, Q \in E(\mathbb{Q})).$$

증명. 먼저

$$\hat{h}(P+Q)+\hat{h}(P-Q)\le 2\hat{h}(P)+2\hat{h}(Q) \tag{10.7}$$

을 보이자. 정리 10.3.2에 의하여

$$h(P+Q)+h(P-Q)\le 2h(P)+2h(Q)+O(1) \tag{10.8}$$

을 보이면 된다. P 또는 Q가 O이면 당연히 식 (10.7)이 성립하고 $P+Q$ 또는 $P-Q$가 O이면 정리 10.3.1에 의하여 식 (10.7)이 성립한다. 이제

$$\begin{aligned} P &= (x_1,y_1),\\ Q &= (x_2,y_2)\ \ (x_1\ne x_2),\\ P+Q &= (x_3,y_3),\\ P-Q &= (x_4,y_4),\\ x_i &= \frac{a_i}{b_i}\ \ (a_i,\ b_i\text{는 서로소인 정수}) \end{aligned}$$

라고 하면 보조정리 8.1.1에 의하여

$$\begin{aligned} x_3 &= (\frac{y_2-y_1}{x_2-x_1})^2-x_1-x_2,\\ x_4 &= (\frac{y_2+y_1}{x_2-x_1})^2-x_1-x_2 \end{aligned}$$

이므로

$$\begin{aligned} x_3+x_4 &= 2\frac{y_2^2+y_1^2-(x_2+x_1)(x_2-x_1)^2}{(x_2-x_1)^2}\\ &= 2\frac{(x_2^3+x_1^3)+A(x_2+x_1)+2B-(x_2+x_1)(x_2^2-2x_1x_2+x_2^2)}{(x_2-x_1)^2}\\ &= 2\frac{x_1x_2(x_2+x_1)+A(x_2+x_1)+2B}{(x_2-x_1)^2}\\ &= 2\frac{a_1a_2(a_2b_1+a_1b_2)+Ab_1b_2(a_2b_1+a_1b_2)+2Bb_1^2b_2^2}{(a_2b_1-a_1b_2)^2} \end{aligned}$$

이다.

또한

$$\begin{aligned} x_3x_4 &= \frac{(y_2^2-y_1^2)^2}{(x_2-x_1)^4} - 2(x_1+x_2)\frac{y_2^2+y_1^2}{(x_2-x_1)^2} + (x_1+x_2)^2 \\ &= \frac{(x_1x_2-A)^2-4B(x_1+x_2)}{(x_2-x_1)^2} \\ &= \frac{(a_1a_2-b_1b_2A)^2-4b_1b_2B(a_1b_2+a_2b_1)}{(a_2b_1-a_1b_2)^2} \end{aligned}$$

이다. 따라서

$$x_3+x_4=\frac{a}{b}, \quad x_3x_4=\frac{a'}{b}$$

라고 하면 어떤 상수 C에 대하여

$$\max(|a|,|a'|,|b|) \le C(\max(|a_1|,|b_1|))^2(\max(|a_2|,|b_2|))^2 \tag{10.9}$$

이다. 또한 x_3, x_4는 이차 방정식

$$x^2-\frac{a}{b}x+\frac{a'}{b}=0$$

의 두 해 $\frac{a\pm\sqrt{a^2-4a'b}}{2b}$이므로

$$x_3, x_4 \in \frac{1}{2b}\mathbb{Z}$$

이다. 이제 $2b=\delta_3b_3=\delta_4b_4$라고 하면

$$\delta_3\delta_4b_3b_4=4b^2 \tag{10.10}$$

이다. 그리고

$$\frac{a}{b}=x_3+x_4=\frac{a_3}{b_3}+\frac{a_4}{b_4}=\frac{a_3b_4+a_4b_3}{b_3b_4}$$

이므로

$$(a_3b_4+a_4b_3)b=ab_3b_4=\frac{4ab^2}{\delta_3\delta_4}$$

이고

$$\delta_3\delta_4(a_3b_4 + a_4b_3) = 4ab \tag{10.11}$$

이다. 또한

$$\frac{a'}{b} = x_3x_4 = \frac{a_3a_4}{b_3b_4}$$

이므로

$$(a_3a_4)b = a'b_3b_4 = \frac{4a'b^2}{\delta_3\delta_4}$$

이고

$$\delta_3\delta_4a_3a_4 = 4a'b \tag{10.12}$$

이다. 소수 p와 정수 $r, s \geq 0$가

$$p^r \,|\, \delta_3a_3, \quad p^s \,|\, \delta_4a_4, \quad p^{r+s} \,||\, b$$

을 만족시킬 때,

$$2b = \delta_3b_3 = \delta_4b_4$$

이므로

$$p^r \,|\, \delta_3b_3, \quad p^s \,|\, \delta_4b_4$$

이다. 따라서

$$p^r \,|\, (\delta_3a_3, \delta_3b_3) = \delta_3, \quad p^s \,|\, (\delta_4a_4, \delta_4b_4) = \delta_4$$

이고

$$p^{r+s} \,|\, \delta_3\delta_4$$

이다. 그러므로

$$b \,|\, \delta_3\delta_4$$

이다. 이제 식 (10.10), (10.11) 그리고 (10.12)로부터

$$\begin{aligned} |b_3b_4| &\leq 4|b| && (10.13) \\ |a_3b_4 + a_4b_3| &\leq 4|a| && (10.14) \\ |a_3a_4| &\leq 4|a'| && (10.15) \end{aligned}$$

을 얻는다. 끝으로 부등식

$$\max(|a_3|,|b_3|)\max(|a_4|,|b_4|) \leq 2\max(|a_3b_4+a_4b_3|,|a_3a_4|,|b_3b_4|)$$

과 식 (10.9), (10.13), (10.14) 그리고 (10.15)로부터

$$\begin{aligned}\max(|a_3|,|b_3|)\max(|a_4|,|b_4|) &\leq 8\max(|a|,|a'|,|b|)\\ &\leq 8C(\max(|a_1|,|b_1|))^2(\max(|a_2|,|b_2|))^2\end{aligned}$$

을 얻는다. 따라서 식 (10.8)

$$h(P+Q)+h(P-Q)\leq 2h(P)+2h(Q)+\log 8C$$

이 성립한다.

이제 식 (10.7)과 반대 방향의 부등식이 성립함을 보이면 된다. 식 (10.7)에 의하여 $P'=P+Q$, $Q'=P-Q$라고 하면

$$\begin{aligned}\hat{h}(2P)+\hat{h}(2Q) &= \hat{h}(P'+Q')+\hat{h}(P'-Q')\\ &\leq 2\hat{h}(P')+2\hat{h}(Q')=2\hat{h}(P+Q)+2\hat{h}(P-Q)\end{aligned}$$

이므로 정리 10.3.2의 (2)에 의하여 부등식

$$2\hat{h}(P)+2\hat{h}(Q)\leq\hat{h}(P+Q)+\hat{h}(P-Q)$$

이 성립한다. □

연습문제 10.3.4. 유리수 위에서 정의된 타원곡선 E와 표준높이 $\hat{h}$에 대하여 다음을 보여라.

(1) 상수 $C>0$에 대하여 $\{P\in E(\mathbb{Q})\mid \hat{h}(P)\leq C\}$은 유한집합이다.
(2) $\hat{h}(P)\geq 0$이다. 그리고 "$\hat{h}(P)=0$"과 "$P\in E(\mathbb{Q})_{tor}$"은 동치이다.

제 4 절 모델-베유 정리

약한 모델-베유 정리와 표준높이의 성질로부터 이 장의 목표인 다음 정리를 얻는다.

정리 10.4.1 (모델-베유). *유리수 위에서 정의된 타원곡선 E의 모델-베유군 $E(\mathbb{Q})$는 유한생성군이다.*

증명. 정리 10.1.1에 의하여

$$E(\mathbb{Q})/2E(\mathbb{Q}) = \{\bar{P}_1, \cdots, \bar{P}_n\}$$

라고 하면 상수 C가 충분히 클 때, 집합

$$S = \{P \in E(\mathbb{Q}) \,|\, \hat{h}(P) \leq C\}$$

는 $P_i \in E(\mathbb{Q})$ $(i = 1, \cdots, n)$를 포함한다. 집합 S는 유한집합이므로(연습문제 10.3.4의 (1)), $E(\mathbb{Q})$가 S로부터 생성됨을 보이면 증명이 끝난다.

S가 $E(\mathbb{Q})$를 생성하지 않는다고 가정하고 점 $Q \in E(\mathbb{Q})$를 S로부터 생성되지 않는 점 중 표준높이가 가장 낮은 점이라고 하자. 점 $P_i \in S$가

$$Q \equiv P_i \pmod{2E(\mathbb{Q})}$$

을 만족시키면

$$Q = P_i + 2R \quad (R \in E(\mathbb{Q}))$$

이다. 따라서 $Q + P_i = 2(P_i + R)$이고 $Q - P_i = 2R$이다. 이제 $P' = P_i + R$ 또는 $P' = R$라고 하자. 정리 10.3.3에 의하여

$$\hat{h}(Q + P_i) \leq \hat{h}(Q) + \hat{h}(P_i)$$

또는

$$\hat{h}(Q - P_i) \leq \hat{h}(Q) + \hat{h}(P_i)$$

이므로 정리 10.3.2에 의하여

$$\begin{aligned} 4\hat{h}(P') = \hat{h}(2P') &= \hat{h}(Q + P_i) \text{ 또는 } \hat{h}(Q - P_i) \\ &\leq \hat{h}(Q) + \hat{h}(P_i) \leq \hat{h}(Q) + C < 2\hat{h}(Q) \leq 4\hat{h}(Q) \end{aligned}$$

이다. 따라서 $h(P') < h(Q)$이고 P'는 S로부터 생성된다. 그런데 $Q \pm P_i = 2P'$이므로 Q도 S로부터 생성된다. 이는 가정에 모순이다. □

제 11 장

대수적 계수

유리수 위에서 정의된 타원곡선 E의 모델-베유군 $E(\mathbb{Q})$는 모델-베유 정리와 유한생성 아벨군의 기본정리에 의하여

$$E(\mathbb{Q}) \cong \mathbb{Z}^r \times E(\mathbb{Q})_{tor} \quad (r \in \mathbb{N} \cup \{0\})$$

이다. 이때, r을 타원곡선 E의 **대수적 계수**(algebraic rank)라고 부르고 r_{al}로 표시한다. 강하법(descent)으로 대수적 계수의 상한을 계산한다.

제 1 절 2-강하법

모델-베유 정리의 증명 과정에 의하여 유리수에서 정의된 타원곡선 E의 잉여군 $E(\mathbb{Q})/2E(\mathbb{Q})$을 계산하면 타원곡선 E의 대수적 계수를 계산할 수 있다. 잉여군 $E(\mathbb{Q})/2E(\mathbb{Q})$을 계산하는 방법을 **2-강하법**(2-descent)이라고 부른다.

유리수에서 정의된 타원곡선 $E : y^2 = x^3 + Ax + B$ $(A, B \in \mathbb{Z})$를

$$E : y^2 = (x - \alpha)(x - \beta)(x - \gamma) \quad (\alpha, \beta, \gamma \in \mathbb{Z})$$

의 꼴로 쓸 수 있을 때,

$$S = \{p \,|\, p\text{는 } (\alpha - \beta)(\beta - \gamma)(\alpha - \gamma)\text{을 나누는 소수}\}$$

라고 하고

$$\mathbb{Q}(S,2) = \{b \in \mathbb{Q}^*/(\mathbb{Q}^*)^2 \,|\, v_p(b) \equiv 0 \pmod 2 \text{ 모든 소수 } p \notin S\}$$

라고 하면 정리 10.1.2에 의하여 단사 준동형사상

$$\begin{array}{rcl} \phi : E(\mathbb{Q})/2E(\mathbb{Q}) & \to & \mathbb{Q}(S,2) \times \mathbb{Q}(S,2) \\ (x,y) & \mapsto & (x-\alpha, x-\beta) \quad (\text{단 } x \neq \alpha, \beta) \\ O & \mapsto & (1,1) \\ (\alpha, 0) & \mapsto & (\dfrac{(\alpha-\gamma)}{(\alpha-\beta)}, \alpha-\beta) \\ (\beta, 0) & \mapsto & (\beta-\alpha, \dfrac{(\beta-\gamma)}{(\beta-\alpha)}) \end{array}$$

를 얻는다.

정리 11.1.1. *타원곡선 E가 방정식*

$$E : y^2 = (x-\alpha)(x-\beta)(x-\gamma) \quad (\alpha, \beta, \gamma \in \mathbb{Z})$$

으로 정의될 때, 집합 S의 원소 개수를 s라고 하면

$$|\mathbb{Q}(S,2)| = 2^{s+1}$$

이고 $r_{al} \leq 2s$이다.

증명. 집합 $Q(S,2)$의 원소는

$$\pm p_1^{r_1} p_2^{r_2} \cdots p_s^{r_s} \quad (\, p_i \in S,\ r_i = 0 \text{ or } 1)$$

이므로 $|\mathbb{Q}(S,2)| = 2^{s+1}$이다.

$E(\mathbb{Q})[2] = \{P \in E(\mathbb{Q}) \,|\, 2P = O)\} \cong \mathbb{Z}/2\mathbb{Z} \times \mathbb{Z}/2\mathbb{Z}$이므로

$$2^{r_{al}+2} = |E(\mathbb{Q})/2E(\mathbb{Q})| \leq 2^{2s+2}$$

이다. 따라서 $r_{al} \leq 2s$이다. □

보기 11.1.2. 타원곡선 E가 방정식

$$E : y^2 = x^3 - x = x(x-1)(x+1)$$

으로 정의되면

$$S = \{2\}$$

이므로

$$\mathbb{Q}(S,2) \times \mathbb{Q}(S,2) = \{(\pm 1, \pm 1), (\pm 1, \pm 2), (\pm 2, \pm 1), (\pm 2, \pm 2)\}$$

이고

$$r_{al} \le 2$$

이다.

정리 11.1.3 (2-강하법). *타원곡선 E가 방정식*

$$E : y^2 = (x-\alpha)(x-\beta)(x-\gamma) \quad (\alpha, \beta, \gamma \in \mathbb{Z})$$

으로 정의될 때, 순서 쌍 $(b_1, b_2) \in \mathbb{Q}(S,2) \times \mathbb{Q}(S,2)$이 $(1,1) = \phi(O)$가 아니면

$$\text{“}(b_1, b_2) = \phi(P) \quad (P = (x,y) \in E(\mathbb{Q})/2E(\mathbb{Q}))\text{”}$$

와 “연립방정식

$$C_{b_1,b_2} : b_1 z_1^2 - b_2 z_2^2 = \beta - \alpha, \quad b_1 z_1^2 - b_1 b_2 z_3^2 = \gamma - \alpha$$

이 해 $(z_1, z_2, z_3) \in \mathbb{Q} \times \mathbb{Q} \times \mathbb{Q}$를 가진다”는 동치이다. 따라서 $C_{b_1,b_2}(\mathbb{Q})$를 연립방정식 C_{b_1,b_2}의 유리수 해들의 집합이라고 하고

$$A(S,2) = \{(b_1, b_2) \in \mathbb{Q}(S,2) \times \mathbb{Q}(S,2) \mid C_{b_1,b_2}(\mathbb{Q}) \neq \emptyset\} \cup \{(1,1)\}$$

라고 하면

$$\phi(E(\mathbb{Q})/2E(\mathbb{Q})) = A(S,2)$$

이다. 그러므로 집합 $A(S,2)$는 군이고 $|A(S,2)| = 2^a$라고 하면 $r_{al} = a - 2$이다.

증명. $P=(x,y)$ $(y\neq 0)$일 때, $\phi(P)=(b_1,b_2)$라고 하면

$$x-\alpha=b_1z_1^2,\quad x-\beta=b_2z_2^2\quad (z_1,z_2\in\mathbb{Q})$$

이다. 그리고 $y^2=(x-\alpha)(x-\beta)(x-\gamma)$이므로 $y=b_1b_2z_1z_2z_3$라고 하면

$$x-\alpha=b_1z_1^2,\quad x-\beta=b_2z_2^2\quad x-\gamma=b_1b_2z_3^2\quad (z_1,z_2,z_3\in\mathbb{Q})$$

이다. 이제 x를 소거하면 원하는 식

$$C_{b_1,b_2}\ :\ b_1z_1^2-b_2z_2^2=\beta-\alpha,\quad b_1z_1^2-b_1b_2z_3^2=\gamma-\alpha$$

을 얻는다. $P=(\alpha,0),(\beta,0),(\gamma,0)$일 때, $\phi(P)=(b_1,b_2)$라고 하면 $(0,1,1)$, $(1,0,1)$, $(1,1,0)$이 각각 연립방정식 C_{b_1,b_2}의 해이다.

역으로 연립방정식 C_{b_1,b_2}이 해 $(z_1,z_2,z_3)\in\mathbb{Q}\times\mathbb{Q}\times\mathbb{Q}$을 가질 때,

$$P=(x,y)=(b_1z_1^2+\alpha,b_1b_2z_1z_2z_3)$$

라고 하면 $P\in E(\mathbb{Q})/2E(\mathbb{Q})$이고 $\phi(P)=(b_1,b_2)$이다. □

보기 11.1.4. 타원곡선

$$E:y^2=x^3-x=x(x-1)(x+1)$$

의 $A(S,2)$를 구해 보자.

(1) $\phi(O)=(1,1)$, $\phi(0,0)=(-1,-1)$, $\phi(1,0)=(1,2)$, $\phi(-1,0)=(-1,-2)$ $\in A(S,2)$.

(2) $b_1>0$, $b_2<0$이면 $b_1{z_1}^2-b_1b_2{z_3}^2\neq -1$이므로 $C_{b_1,b_2}(\mathbb{R})=\emptyset$이다. 따라서 $(1,-1),(1,-2),(2,-1),(2,-2)\notin A(S,2)$.

(3) $b_1<0$, $b_2>0$이면 $b_1{z_1}^2-b_2{z_2}^2\neq 1$이므로 $C_{b_1,b_2}(\mathbb{R})=\emptyset$이다. 따라서 $(-1,1),(-1,2),(-2,1),(-2,2)\notin A(S,2)$.

(4) $(b_1,b_2)=(2,1)$이면

$$C_{2,2}\ :\ 2z_1^2-z_2^2=1,\quad 2z_1^2-2z_3^2=-1$$

이다. 그런데 z_1의 분모가 짝수이면 $2z_1^2$의 분모는 2의 홀수 거듭제곱 인수를 가지지만 z_2^2의 분모는 2의 짝수 거듭제곱 인수를 가지므로 $2z_1^2 - z_2^2 = 1$을 만족시키는 유리수 z_1, z_2는 없다. 이제 z_1의 분모가 홀수라고 가정하면 $2z_1^2 - 2z_3^2 = -1$을 만족시키는 유리수 z_1, z_3는 없다. 따라서 $(2,1) \notin A(S,2)$. 그리고 $A(S,2)$는 군이므로 $(2,1)(-1,-1) = (-2,-1)$, $(2,1)(1,2) = (2,2)$, $(2,1)(-1,-2) = (-2,-2) \notin A(S,2)$이다.

그러므로

$$A(S,2) = \{(1,1),(-1,-1),(1,2),(-1,-2)\}$$

이고

$$r_{al} = 0$$

이다. 따라서 보기 9.2.3에 의하여

$$E(\mathbb{Q}) \cong \mathbb{Z}/2\mathbb{Z} \times \mathbb{Z}/2\mathbb{Z}$$

이다.

보기 11.1.5. 제곱인수가 없는 자연수 n이 유리수를 세 변으로 가지는 직각 삼각형의 넓이일 때, n을 **합동수**(congruent number)라고 부른다. 예를 들어 6은 $3,4,5$를 세 변으로 가지는 직각 삼각형의 넓이이므로 합동수이다.

이제 "n이 합동수이다"는 "타원곡선

$$E : y^2 = x^3 - n^2x$$

의 대수적 계수 $r_{al} \geq 1$"과 동치임을 보이자.

먼저 n이 합동수라고 가정하면

$$n = \frac{ab}{2}, \quad a^2 + b^2 = c^2$$

을 만족시키는 유리수 a,b,c가 있다. 이때, $x = \frac{c^2}{4}$라고 하면 $\frac{(a-b)^2}{4} = x-n$, $\frac{(a+b)^2}{4} = x+n$이다. 이제 $y = \frac{c(a-b)(a+b)}{8}$라고 하면 $(x,y) \in E(\mathbb{Q})$이다. 그

런데 $y \neq 0$이므로 연습문제 9.2.4에 의하여 $(x,y) \notin E(\mathbb{Q})_{tor}$이다. 따라서 $r_{al} \geq 1$이다.

역으로 $r_{al} \geq 1$이라고 가정하면 연습문제 9.2.4에 의하여 유리수 점 $(x,y) \in E(\mathbb{Q})$ $(y \neq 0)$가 있다. $2(x,y) = (x',y')(\neq O)$라고 하면 정리 10.1.2에 의하여 $x', x'-n, x'+n$은 모두 유리수의 제곱이다. 이제

$$\begin{aligned} a &= (x'+n)^{1/2} + (x'-n)^{1/2}, \\ b &= (x'+n)^{1/2} - (x'-n)^{1/2}, \\ c &= 2(x')^{1/2} \end{aligned}$$

라고 하면 $a^2+b^2=c^2$이고 $n=\frac{ab}{2}$이다.

예를 들어 1은 보기 11.1.4에 의하여 합동수가 아니다(페르마).

합동수를 찾는 문제는 정수론에서 가장 오래된 문제 중의 하나로 그 동안 많은 연구가 있었지만 아직 알려지지 않은 사실 역시 많이 있다([Co] 참조). 예를 들어 다음 추측은 아직 미해결이다.

합동수 추측. 8로 나눌 때, 나머지가 5, 6, 7인 제곱인수가 없는 자연수는 합동수이다.

연습문제 11.1.6. 2와 3은 합동수가 아님을 보여라.

연습문제 11.1.7. 유리수 위에서 정의된 타원곡선

$$E : y^2 = x^3 - 36x$$

의 $A(S,2)$를 구하고 $r_{al}=1$을 보여라.

제 2 절 p진수

소수 p에 대하여 집합

$$\mathbb{Z}_p = \{\sum_{n=0}^{\infty} a_n p^n \mid a_n \in \{0,1,\cdots,p-1\}\}$$

의 원소를 p**진 정수**라고 부른다.

유리수 $x \neq 0$에 대하여 p**진 절댓값**을 다음과 같이 정의하면

$$|x|_p = p^{-v_p(x)}$$

$n \to \infty$일 때, $|a_n p^n|_p \to 0$이므로 p진 정수는 잘 정의된다.

정리 11.2.1. *소수 p에 대하여 $\mathbb{Z}_p$는 정역이다.*

증명. 자연수 k에 대하여

$$x_k = a_0 + a_1 p + \cdots + a_{k-1}p^{k-1} \quad (a_i \in \{0, 1, \cdots, p-1\})$$

라고 하면

$$\mathbb{Z}_p = \{(x_1, x_2, \cdots) \,|\, x_k \in \mathbb{Z}/p^k\mathbb{Z},\ x_{k+1} \equiv x_k \pmod{p^k}\ \}$$

이다. 이때, p진 정수의 덧셈과 곱셈은 성분별 덧셈과 곱셈이므로 $\mathbb{Z}_p$는 정역이다. □

예를 들어 정수환 $\mathbb{Z}$는 p진 정수환 $\mathbb{Z}_p$의 부분환이고 이때,

$$-1 = (p-1) + (p-1)p + (p-1)p^2 + \cdots$$

이다.

정역 $\mathbb{Z}_p$의 분수체를 $\mathbb{Q}_p$로 표시하고 그 원소를 p**진 유리수**라고 부른다.

정리 11.2.2. *소수 p에 대하여*

$$\mathbb{Q}_p = \{\sum_{n=m}^{\infty} a_n p^n \ \mid\ a_n \in \{0, 1, \cdots, p-1\},\ m \in \mathbb{Z}\}$$

이다.

증명. p진 유리수

$$\frac{a_0 + a_1 p + a_2 p^2 + \cdots}{p^k(b_k + b_{k+1}p + b_{k+2}p^2 + \cdots)} \quad (k \in \mathbb{N} \cup \{0\}, b_k \neq 0)$$

는

$$b_k + b_{k+1}p + b_{k+2}p^2 + \cdots$$

가 $\mathbb{Z}_p$의 유닛이므로

$$\frac{c_l}{p^l} + \frac{c_{l-1}}{p^{l-1}} + \cdots + c_0 + c_1 p + \cdots$$

이다. □

편의상 실수체 $\mathbb{R}$를 소수 "$p = \infty$"의 $\mathbb{Q}_p$라고 하면 모든 소수 $p \le \infty$에 대하여 유리수체 $\mathbb{Q}$는 p진 유리수체 $\mathbb{Q}_p$의 부분체이다. 이제 정리 11.1.3과 같은 방법으로 다음 정리를 바로 얻는다.

정리 11.2.3. *타원곡선 E가 방정식*

$$E : y^2 = (x-\alpha)(x-\beta)(x-\gamma), \quad (\alpha, \beta, \gamma \in \mathbb{Z})$$

으로 정의될 때, 집합

$$\begin{aligned} B(S,2) \quad = \quad & \{(b_1, b_2) \in \mathbb{Q}(S,2) \times \mathbb{Q}(S,2) \,|\, C_{b_1,b_2}(\mathbb{Q}_p) \neq \emptyset, \\ & \text{모든 소수 } p \le \infty\} \cup \{(1,1)\} \end{aligned}$$

은 $A(S,2)$를 부분군으로 포함하는 군이고 $B(s,2)$의 원소 개수를 2^b라고 하면 $r_{al} \le b-2$이다.

보기 11.2.4. 타원곡선 E가 방정식

$$E : y^2 = x^3 - x = x(x-1)(x+1)$$

으로 정의되면 보기 11.1.4의 계산 과정에 의하여

$$B(S,2) = A(S,2)$$

이다.

정리 11.2.3의 $B(S,2)$는 헨젤(Hensel) 보조정리를 이용하여 계산할 수 있다.

정리 11.2.5 (헨젤 보조정리). *p진 정수를 계수로 가지는 다항식 $f(x)$에 대하여*

$$f(x_0) \equiv 0 \pmod{p}, \quad f'(x_0) \not\equiv 0 \pmod{p}$$

을 만족시키는 정수 x_0가 있으면

$$f(x) = 0, \quad x \equiv x_0 \pmod{p}$$

을 만족시키는 유일한 p진 정수 x가 있다.

증명. 먼저 모든 자연수 $n \geq 1$에 대하여 다음을 만족시키는 유일한 정수 수열 $x_1, x_2, \cdots$이 있음을 보이자.

(1) $f(x_n) \equiv 0 \pmod{p^{n+1}}$.
(2) $x_n \equiv x_{n-1} \pmod{p^n}$.
(3) $0 \leq x_n < p^{n+1}$.

$n = 1$일 때, $x_1 = \bar{x_0} + y_1 p$ ($\bar{x_0}, y_1 \in \{0, 1, \cdots, p-1\}$)라고 하면 (2),(3)을 만족시키고

$$f(x_1) = f(\bar{x_0} + y_1 p) \equiv f(\bar{x_0}) + f'(\bar{x_0}) y_1 p \pmod{p^2}$$

이다. $f(\bar{x_0}) \equiv \alpha_0 p \pmod{p^2}$라고 하고 $y_1 \equiv -\alpha_0 / f'(\bar{x_0}) \pmod{p}$라고 하면 (1)을 만족시킨다.

귀납법으로 증명하기 위하여 (1),(2),(3)을 만족시키는 x_1, x_2, $\cdots$, x_{n-1}이 있다고 가정하자. $x_n = x_{n-1} + y_n p^n$ ($y_n \in \{0, 1, \cdots, p-1\}$)라고 하면 (2),(3)을 만족시키고

$$f(x_n) = f(x_{n-1} + y_n p^n) \equiv f(x_{n-1}) + f'(x_{n-1}) y_n p^n \pmod{p^{n+1}}$$

이다. $f(x_{n-1}) \equiv \alpha_{n-1} p^n \pmod{p^{n+1}}$라고 하고 $y_n \equiv -\alpha_{n-1} / f'(x_{n-1}) \pmod{p}$라고 하면 (1)을 만족시킨다.

이제

$$x = \bar{x_0} + y_1 p + y_2 p^2 + \cdots$$

라 하면 모든 $n \geq 1$에 대하여

$$f(x) \equiv f(x_n) \equiv 0 \pmod{p^{n+1}}$$

이므로 $f(x) = 0$이고 $x \equiv x_0 \pmod p$이다. □

보기 11.2.6. $\sqrt{-1}, \sqrt{2} \in \mathbb{Q}_{17}$을 보이자.

$f(x) = x^2 + 1$이라고 하면

$$f(4) \equiv 0 \pmod{17}, \quad f'(4) \not\equiv 0 \pmod{17}$$

이므로 헨젤 보조정리에 의하여 $\sqrt{-1} \in \mathbb{Q}_{17}$이다.

$g(x) = x^2 - 2$라고 하면

$$g(6) \equiv 0 \pmod{17}, \quad g'(6) \not\equiv 0 \pmod{17}$$

이므로 헨젤 보조정리에 의하여$\sqrt{2} \in \mathbb{Q}_{17}$이다.

보기 11.2.7. 타원곡선 E가 방정식

$$E : y^2 = x(x-17)(x+17)$$

으로 정의될 때, $(1,2) \in \mathbb{Q}(S,2)$에 대하여 연립방정식

$$C_{1,2} : z_1^2 - 2z_2^2 = 17, \quad z_1^2 - 2z_3^2 = -17$$

을 얻는다. 보기 11.2.6으로부터

$$(z_1, z_2, z_3) = (1, 2\sqrt{-2}, 3) \in C_{1,2}(\mathbb{Q}_{17})$$

을 쉽게 알 수 있다.

제 3 절 갈루아 코호몰로지

덧셈 아벨군 M의 원소 m, m_1, m_2 그리고 군 G의 원소 g, g_1, g_2, 항등원 e에 대하여 다음 성질을 만족시키는 함수

$$G \times M \to M, \quad (g,m) \mapsto gm$$

가 있을 때, M을 G-**모듈**이라고 부른다.

(1) $g(m_1 + m_2) = gm_1 + gm_2$.

(2) $g_1(g_2m) = (g_1g_2)m$.

(3) $em = m$.

덧셈 아벨군 M과 N이 G-모듈일 때, 군 준동형사상

$$\phi : M \to N$$

이

$$\phi(gm) = g\phi(m) \quad (m \in M, g \in G)$$

을 만족시키면 ϕ를 G-**모듈 준동형사상**이라고 부른다.

덧셈 아벨군 M이 G-모듈일 때, 집합

$$H^0(G, M) = \{m \in M \mid gm = m, \text{ 모든 } g \in G\}$$

은 M의 부분군이고 이를 G-모듈 M의 **영 번째 코호몰로지 군**(zeroth cohomology group)이라고 부른다.

덧셈 아벨군 M이 G-모듈일 때, 집합

$$\begin{aligned} Z(G, M) \;\; = \;\; & \{(\text{연속})\text{함수 } f : G \to M \mid f(g_1g_2) = f(g_1) + g_1f(g_2), \\ & (g_1, g_2 \in G)\} \end{aligned}$$

은 군이고 그 원소를 G-모듈 M의 **코사이클**(cocycle)이라고 부른다. 주어진 $m \in M$에 대하여

$$f_m : G \to M, \quad g \mapsto gm - m$$

라고 하면

$$\begin{aligned} f_m(g_1g_2) &= g_1(g_2m) - m \\ &= g_1m - m + g_1(g_2m - m) \\ &= f_m(g_1) + g_1f_m(g_2) \end{aligned}$$

이므로 $f_m \in Z(G, M)$이다. 이때 집합

$$B(G, M) = \{f_m \,|\, m \in M\}$$

은 $Z(G, M)$의 부분군이고 그 원소를 G-모듈 M의 **코바운더리**(coboundary) 라고 부른다. 그리고 잉여군

$$H^1(G, M) = Z(G, M)/B(G, M)$$

을 G-모듈 M의 **첫 번째 코호몰로지 군**(first cohomology group)이라고 부른다. 다음 정리는 단순계산으로부터 얻을 수 있으므로 증명은 생략한다.

정리 11.3.1. *G-모듈의 완전열(exact sequence)*

$$0 \to M_1 \xrightarrow{\phi} M_2 \xrightarrow{\psi} M_3 \to 0$$

은 코호몰로지 군의 완전열

$$\begin{aligned} 0 \;\to\;& H^0(G, M_1) \to H^0(G, M_2) \to H^0(G, M_3) \\ \xrightarrow{\delta}\;& H^1(G, M_1) \to H^1(G, M_2) \to H^1(G, M_3) \end{aligned}$$

을 유도한다. 이때 동형사상 δ는 다음과 같이 정의된다.

$m_3 \in H^0(G, M_3)$에 대하여 $\psi(m_2) = m_3$을 만족시키는 m_2를 선택하고 함수 $\xi : G \to M_2$를 다음과 같이 정의하자.

$$\xi(g) = gm_2 - m_2.$$

이때 $gm_2 - m_2 \in M_1$이므로 $\xi \in Z(G, M_1)$이고 $\delta(m_3)$를 $\bar{\xi} \in H^1(G, M_1)$로 정의한다.

유리수 체 $\mathbb{Q}$의 대수적 닫힘을 $\bar{\mathbb{Q}}$라 하고 $\bar{\mathbb{Q}}/\mathbb{Q}$의 갈루아 군을 $G(\bar{\mathbb{Q}}/\mathbb{Q})$라고 하자. 유리수 위에서 정의된 타원곡선 $E : y^2 = x^3 + Ax + B \ \ (A, B \in \mathbb{Z})$에 대하여

$$E(\bar{\mathbb{Q}}) = \{(x, y) \in \bar{\mathbb{Q}}^2 \,|\, y^2 = x^3 + Ax + B\} \cup \{[0, 1, 0]\}$$

라고 하고 $\sigma \in G(\bar{\mathbb{Q}}/\mathbb{Q})$와 $(x, y) \in E(\bar{\mathbb{Q}})$에 대하여

$$\sigma(x, y) = (\sigma(x), \sigma(y)) \in E(\bar{\mathbb{Q}})$$

라고 하면 $E(\bar{\mathbb{Q}})$는 $G(\bar{\mathbb{Q}}/\mathbb{Q})$-모듈이다.

정리 11.3.2. *유리수 위에서 정의된 타원곡선 E와 자연수 n에 대하여 n-곱셈 함수*

$$n : E(\bar{\mathbb{Q}}) \to E(\bar{\mathbb{Q}}), \quad P \mapsto nP$$

는 전사 $G(\bar{\mathbb{Q}}/\mathbb{Q})$-모듈 준동형사상이다.

증명. $P = (x, y) \in E(\bar{\mathbb{Q}})$라고 하면 보조정리 8.1.1에 의하여

$$(x', y') = n(x, y) = (u(x, y), v(x, y)) \quad (u(x, y), v(x, y) \in \mathbb{Q}(x, y))$$

이다. 그런데 $-nP = n(-P)$이므로 $u(x, -y) = u(x, y)$이다. 따라서

$$u(x, y) = w(x) \in \mathbb{Q}(x)$$

이다. 그리고 $w(x)$는 상수 함수가 아니므로 임의의 점 $(x', y') \in E(\bar{\mathbb{Q}})$에 대하여 $w(x) = x'$인 $x \in \bar{\mathbb{Q}}$가 있다. □

이제 $E[n] = \ker(n)$라고 하면 정리 11.3.2로부터 다음 정리를 바로 얻는다.

정리 11.3.3. *유리수 위에서 정의된 타원곡선 E는 자연수 n에 대하여 $G(\bar{\mathbb{Q}}/\mathbb{Q})$-모듈 완전열*

$$0 \to E[n] \to E(\bar{\mathbb{Q}}) \xrightarrow{n} E(\bar{\mathbb{Q}}) \to 0$$

을 가진다.

정리 11.3.4. *유리수 위에서 정의된 타원곡선 E는 자연수 n에 대하여 군 완전열*

$$0 \to E(\mathbb{Q})/nE(\mathbb{Q}) \to H^1(G(\bar{\mathbb{Q}}/\mathbb{Q}), E[n]) \to H^1(G(\bar{\mathbb{Q}}/\mathbb{Q}), E(\bar{\mathbb{Q}}))[n] \to 0$$

을 가진다.

증명.

$$H^0(G(\bar{\mathbb{Q}}/\mathbb{Q}), E(\bar{\mathbb{Q}})) = E(\mathbb{Q})$$

이므로 정리 11.3.1과 11.3.3에 의하여 완전열

$$\begin{aligned} 0 &\to E(\mathbb{Q})[n] \to E(\mathbb{Q}) \xrightarrow{n} E(\mathbb{Q}) \\ &\to H^1(G(\bar{\mathbb{Q}}/\mathbb{Q}), E[n]) \to H^1(G(\bar{\mathbb{Q}}/\mathbb{Q}), E(\bar{\mathbb{Q}})) \xrightarrow{n} H^1(G(\bar{\mathbb{Q}}/\mathbb{Q}), E(\bar{\mathbb{Q}})) \end{aligned}$$

을 얻고 이로부터 원하는 완전열을 얻는다. □

제 4 절 n-강하법

소수 $p \le \infty$에 대하여 $\bar{\mathbb{Q}}_p$를 $\mathbb{Q}_p$의 대수적 닫힘이라 하고

$$G_p = G(\bar{\mathbb{Q}}_p/\mathbb{Q}_p)$$

라 하면 정리 11.3.4와 같은 방법으로 모든 소수 $p \le \infty$에 대하여 완전열

$$0 \to E(\mathbb{Q}_p)/nE(\mathbb{Q}_p) \to H^1(G_p, E[n]) \to H^1(G_p, E(\bar{\mathbb{Q}}_p))[n] \to 0$$

을 얻는다. 그리고 $G_p \subset G := G(\bar{\mathbb{Q}}/\mathbb{Q})$, $E(\bar{\mathbb{Q}}) \subset E(\bar{\mathbb{Q}}_p)$이므로 완전열의 가환 그림

$$\begin{array}{ccccccccc} 0 & \to & E(\mathbb{Q})/nE(\mathbb{Q}) & \to & H^1(G, E[n]) & \to & H^1(G, E(\bar{\mathbb{Q}}))[n] & \to & 0 \\ & & \downarrow & & \downarrow & & \downarrow & & \\ 0 & \to & \prod_{p\le\infty} E(\mathbb{Q}_p)/nE(\mathbb{Q}_p) & \to & \prod_{p\le\infty} H^1(G_p, E[n]) & \to & \prod_{p\le\infty} H^1(G_p, E(\bar{\mathbb{Q}}_p))[n] & \to & 0 \end{array}$$

을 얻는다. 이제

$$S^{(n)}(E, \mathbb{Q}) = \ker\Big(H^1(G, E[n]) \to \prod_{p\le\infty} H^1(G_p, E(\bar{\mathbb{Q}}_p))\Big)$$

을 n-**셀머군**(n-Selmer group)이라고 하고

$$Ш(E, \mathbb{Q}) = \ker\Big(H^1(G, E(\bar{\mathbb{Q}})) \to \prod_{p\le\infty} H^1(G_p, E(\bar{\mathbb{Q}}_p))\Big)$$

을 **샤파레비치-테이트군**(Shafarevich-Tate group)이라고 하면 위의 가환그림과 단순계산으로부터 다음 정리를 바로 얻는다.

정리 11.4.1 (n-강하법). *유리수 위에서 정의된 타원곡선 E는 자연수 n에 대하여 완전열*

$$0 \to E(\mathbb{Q})/nE(\mathbb{Q}) \to S^{(n)}(E, \mathbb{Q}) \to Ш(E, \mathbb{Q})[n] \to 0$$

을 가진다.

다음 정리의 증명([Si] 참조)은 이 책의 범위를 벗어나므로 생략한다.

정리 11.4.2. *유리수 위에서 정의된 타원곡선 E의 n-셀머군 $S^{(n)}(E, \mathbb{Q})$은 유한군이다. 특별히*

$$E : y^2 = (x-\alpha)(x-\beta)(x-\gamma) \quad (\alpha, \beta, \gamma \in \mathbb{Z})$$

일 때,

$$S^{(2)}(E, \mathbb{Q}) = B(S, 2)$$

이다.

정리 11.4.2에 의하여 타원곡선 E가 방정식

$$E : y^2 = (x-\alpha)(x-\beta)(x-\gamma) \quad (\alpha, \beta, \gamma \in \mathbb{Z})$$

으로 정의될 때,

$$\begin{aligned} Ш(E, \mathbb{Q})[2] \quad &= \quad \{(b_1, b_2) \in \mathbb{Q}(S, 2) \times \mathbb{Q}(S, 2) \,|\, C_{b_1,b_2}(\mathbb{Q}) = \emptyset \text{ 그러나} \\ &\qquad C_{b_1,b_2}(\mathbb{Q}_p) \ne \emptyset, \text{ 모든 소수 } p \le \infty\} \cup \{(1,1)\} \end{aligned}$$

이다.

보기 11.4.3. 타원곡선 E가 방정식

$$E : y^2 = x^3 - x$$

으로 정의될 때, 보기 11.1.4와 11.2.4에 의하여

$$E(\mathbb{Q})/2E(\mathbb{Q}) \cong \mathbb{Z}/2\mathbb{Z} \times \mathbb{Z}/2\mathbb{Z}$$

$$S^{(2)}(E, \mathbb{Q}) \cong \mathbb{Z}/2\mathbb{Z} \times \mathbb{Z}/2\mathbb{Z}$$

$$\text{Ш}(E, \mathbb{Q})[2] \cong \{0\}$$

이다.

일반적으로 샤파레비치-테이트군의 계산은 매우 어렵다. 그리고 다음 추측은 아직 미해결이다.

샤파레비치-테이트 추측. *유리수 위에서 정의된 타원곡선 E의 샤파레비치-테이트군 $\text{Ш}(E, \mathbb{Q})$은 유한군이다.*

제 12 장

해석적 계수

유리수 위에서 정의된 타원곡선의 하세-베유 L-함수를 이용하여 타원곡선의 해석적 계수를 정의한다. 버치와 스위너턴-다이어는 "유리수 위에서 정의된 타원곡선의 해석적 계수는 대수적 계수와 같다"라고 추측했다. 그러나 아직 미해결이다.

제 1 절 하세-베유 L-함수

유리수 위에서 정의된 타원곡선 E와 동형인 타원곡선의 바이어슈트라스 방정식

$$y^2 = x^3 + Ax + B \quad (A, B \in \mathbb{Q})$$

의 판별식 $\Delta = -16(4A^3 + 27B^2)$ 중에서 절댓값이 최소인 정수 판별식을 타원곡선 E의 **최소 판별식**(minimal discriminant)이라고 부른다.

정리 12.1.1. *유리수 위에서 정의된 타원곡선 E에 대하여 "동형인 타원곡선의 바이어슈트라스 방정식*

$$y^2 = x^3 + Ax + B \quad (A, B \in \mathbb{Q})$$

의 판별식 Δ가 타원곡선 E의 최소 판별식이다"와 "모든 소수 p에 대하여

$$v_p(\Delta) < 12$$

이다"는 동치이다.

증명. 허용 가능한 동형은

$$x' = u^2x, \quad y' = u^3y \quad (u \in \mathbb{Q})$$

이다. 이때

$$\Delta' = u^{-12}\Delta$$

이므로 원하는 결과를 얻는다. □

논의를 단순화하기 위하여 유리수 위에서 정의된 타원곡선 E의 최소 판별식을 가지는 바이어슈트라스 방정식

$$y^2 = x^3 + Ax + B$$

의 계수 A와 B가 정수라고 가정하고 (그렇지 않은 일반적인 경우는 [Si] 참조) 이 방정식을 타원곡선 E의 **최소 바이어슈트라스 방정식**(minimal Weierstrass equation)이라고 부르자.

예를 들어 타원곡선 E가 바이어슈트라스 방정식

$$y^2 = x^3 - 3^4x \quad (\Delta = 2^6 3^{12})$$

으로 정의될 때, 타원곡선 E의 최소 바이어슈트라스 방정식은

$$y^2 = x^3 - x \quad (\Delta = 2^6)$$

이다.

지금부터 유리수 위에서 정의된 타원곡선 E는 최소 바이어슈트라스 방정식

$$E : y^2 = x^3 + Ax + B \quad (A, B \in \mathbb{Z})$$

로 정의된다고 하자. 소수 p에 대하여

$$\bar{E} : y^2 = x^3 + \bar{A}x + \bar{B} \quad (\bar{A}, \bar{B} \in \mathbb{Z}/p\mathbb{Z})$$

를 타원곡선 E의 p **축소**(reduction modulo p)라고 부른다.

(1) $p \nmid \Delta$이면 p 축소 $\bar{E}$는 매끈한 곡선이다(정리 7.2.2의 증명 참조). 이때, $\bar{E}$를 **좋은 p 축소**(good reduction modulo p)라고 부른다.

(2) $p \mid \Delta$이면 p 축소 $\bar{E}$는 특이점을 가진다. 이때, $\bar{E}$를 **나쁜 p 축소**(bad reduction modulo p)라고 부른다. 특별히 특이점에서 접선이 유일할 때, $\bar{E}$를 **덧셈 p 축소**(additive reduction modulo p)라고 부르고 그렇지 않을 때, $\bar{E}$를 **곱셈 p 축소**(multiplicative reduction modulo p)라고 부른다. 또한 $\bar{E}$가 곱셈 p 축소인 경우 특이점에서 접선의 기울기가 $\mathbb{Z}/p\mathbb{Z}$의 원소이면 **분해된 곱셈 p 축소**(split multiplicative reduction modulo p)라고 부르고 그렇지 않은 경우 **분해되지 않은 곱셈 p 축소**(nonsplit multiplicative reduction modulo p)라고 부른다.

유리수 위에서 정의된 타원곡선 E에 대하여

(1) $p \nmid \Delta$이면

$$a_p = p + 1 - |\bar{E}(\mathbb{Z}/p\mathbb{Z}|,$$

(2) $p \mid \Delta$이면

$$a_p = \begin{cases} 0, & \bar{E}\text{가 덧셈 } p \text{ 축소일 때}, \\ 1, & \bar{E}\text{가 분해된 곱셈 } p \text{ 축소일 때}, \\ -1, & \bar{E}\text{가 분해되지 않은 곱셈 } p \text{ 축소일 때} \end{cases}$$

라고 하자. 이때 함수

$$L(E, s) = \prod_{p \mid \Delta} \frac{1}{1 - a_p p^{-s}} \prod_{p \nmid \Delta} \frac{1}{1 - a_p p^{-s} + p^{1-2s}}$$

를 타원곡선 E의 **하세-베유 L-함수**(Hasse-Weil L-function)라고 부른다.

이제 단순계산으로 다음 정리를 얻는다.

정리 12.1.2. *유리수 위에서 정의된 타원곡선 E에 대하여*

$$\begin{array}{lcll} a_1 & = & 1 & \\ a_{p^r} & = & (a_p)^r & (r \geq 1,\ p \mid \Delta) \\ a_{p^{r+1}} & = & a_p \cdot a_{p^r} - p \cdot a_{p^{r-1}} & (r \geq 1,\ p \nmid \Delta) \\ a_{mn} & = & a_m \cdot a_n & ((m,n) = 1) \end{array}$$

라고 하면 타원곡선 E의 하세-베유 L-함수는 디리클레 급수

$$L(E,s)=\sum_{n=1}^{\infty}\frac{a_n}{n^s}$$

이다.

정리 12.1.3. *유리수 위에서 정의된 타원곡선 E의 하세-베유 L-함수 $L(E,s)$는 $Re(s)>2$에서 수렴한다.*

증명. 소수 p에 대하여 $1\le|\bar{E}(\mathbb{Z}/p\mathbb{Z})|\le 2p+1$이므로 $|a_p|\le p$이다. 따라서 $|a_{p^n}|\le p^n$이고 $|a_n|\le n$이다. 이제 정리 6.1.1로부터 원하는 결과를 얻는다. □

보기 12.1.4. 유리수에서 정의된 타원곡선

$$E: y^2=x^3-x$$

의 최소 판별식은

$$\Delta=2^6$$

이다.

따라서 타원곡선 E는 $p\neq 2$일 때 좋은 p 축소를 가지고, $p=2$일 때 나쁜 p 축소, 특히 덧셈 p 축소를 가진다. 그러므로

$$a_2=0$$

이고 단순계산으로

$$a_3=0,\ a_5=-2,\ a_7=0,\ a_{11}=0,\ a_{13}=6,\ a_{17}=2,\cdots$$

을 얻는다. 이제

$$\begin{aligned} L(E,s) &= \frac{1}{1+3^{1-2s}}\cdot\frac{1}{1+2\cdot5^{-s}+5^{1-2s}}\cdot\frac{1}{1+7^{1-2s}}\cdot\frac{1}{1+11^{1-2s}} \\ &\quad\cdot\frac{1}{1-6\cdot13^{-s}+13^{1-2s}}\cdot\frac{1}{1-2\cdot17^{-s}+17^{1-2s}}\cdots \\ &= 1-\frac{2}{5^s}-\frac{3}{9^s}+\frac{6}{13^s}+\frac{2}{17^s}+\cdots \end{aligned}$$

이다.

다음 정리는 보형성 정리(modularity theorem)로부터 나온다([Wi], [TW], [BCDT] 참조). 증명은 이 책의 범위를 벗어나므로 생략한다.

정리 12.1.5. *유리수 위에서 정의된 타원곡선 E의 하세-베유 L-함수 $L(E,s)$는 복소평면 전체로 해석적 연속(analytic continuation)을 가진다.*

보기 12.1.6. 유리수에서 정의된 타원곡선

$$E : y^2 = x^3 - x$$

의 하세-베유 L-함수 $L(E,s)$의 $s=1$에서 값은

$$\begin{aligned} L(E,1) &= 2(e^{-\frac{\pi}{2\sqrt{2}}} - \frac{2}{5}e^{-\frac{5\pi}{2\sqrt{2}}} - \frac{1}{3}e^{-\frac{9\pi}{2\sqrt{2}}} + \frac{6}{13}e^{-\frac{13\pi}{2\sqrt{2}}} + \frac{2}{17}e^{-\frac{17\pi}{2\sqrt{2}}} + \cdots) \\ &= 0.6555143\cdots \end{aligned}$$

이다([Ko] 참조).

제 2 절 버치와 스위너턴-다이어 추측

유리수 위에서 정의된 타원곡선 E의 하세-베유 L-함수 $L(E,s)$의 $s=1$에서 영 위수(vanishing order), 즉 $L(E,s)$의 $s=1$에서 테일러 전개가 다음과 같을 때,

$$L(E,s) = a_r(s-1)^r + a_{r+1}(s-1)^{r+1} + \cdots \quad (a_r \neq 0,\ r \geq 0)$$

$r = \mathrm{ord}_{s\to 1}L(E,s)$을 타원곡선 E의 **해석적 계수**(analytic rank)라고 부르고 r_{an}으로 표시한다.

유리수 위에서 정의된 타원곡선 E의 하세-베유 L-함수 $L(E,s)$의 $s=1$에서 형식적인 값은 (수렴성과 Δ를 나누는 유한개의 소수를 무시할 때)

$$\prod_{p \nmid \Delta} \frac{1}{1 - a_p p^{-1} + p^{-1}} = \prod_{p \nmid \Delta} \frac{p}{p - a_p + 1} = \prod_{p \nmid \Delta} \frac{p}{|\bar{E}(\mathbb{Z}/p\mathbb{Z})|}$$

이다. 따라서 타원곡선 E의 대수적 계수가 크면 E는 많은 유리수 점을 가지게 되어 $|\bar{E}(\mathbb{Z}/p\mathbb{Z})|$가 크게 되고 $L(E,s)$의 $s=1$에서 영 위수, 즉 E의 해석적 계수도 크게 되리라고 예상할 수 있다. 버치(Birch)와 스위너턴-다이어(Swinnerton-Dyer)의 첫 번째 추측은 다음과 같다.

버치와 스위너턴-다이어 추측 1. *유리수 위에서 정의된 타원곡선 E의 대수적 계수와 해석적 계수는 같다.*

보기 12.2.1. 유리수에서 정의된 타원곡선

$$E : y^2 = x^3 - x$$

의 대수적 계수와 해석적 계수는 보기 11.1.4와 12.1.6에 의하여

$$r_{al} = r_{an} = 0$$

이다.

버치와 스위너턴-다이어의 첫 번째 추측은 아직 미해결이다. 그러나 다음 결과가 알려져 있다([GZ], [Kol] 참조).

정리 12.2.2 (그로스-자기어, 콜리바긴)**.** *유리수 위에서 정의된 타원곡선 E의 해석적 계수가 1보다 작거나 같으면 버치와 스위너턴-다이어의 첫 번째 추측과 샤파레비치-테이트 추측이 참이다.*

버치와 스위너턴-다이어의 두 번째 추측을 서술하려면 다음 표기법이 필요하다.

(1) 유리수 위에서 정의된 타원곡선 E에 대하여

$$E(\mathbb{Q}) = \mathbb{Z}P_1 \oplus \cdots \oplus \mathbb{Z}P_{r_{al}} \oplus E(\mathbb{Q})_{tor}$$

일 때,

$$< P_i, P_j >= \hat{h}(P_i + P_j) - \hat{h}(P_i) - \hat{h}(P_j)$$

라고 하고 $r_{al} \times r_{al}$ 행렬 $(< P_i, P_j >)$의 판별식을

$$R_E = \det(< P_i, P_j >)$$

으로 표시하고 타원곡선 E의 **레귤레이터**(regulator)라고 부른다. $r_{al} = 0$일 때는 $R_E = 1$로 정의한다.

(2) 유리수 위에서 정의된 타원곡선 E와 소수 p에 대하여

$$E_0(\mathbb{Q}_p) = \{P \in E(\mathbb{Q}_p) \mid \bar{P}\text{는 } \bar{E}(\mathbb{Z}/p\mathbb{Z})\text{에서 특이점이 아니다.}\}$$

라고 하고

$$c_p = |E(\mathbb{Q}_p)/E_0(\mathbb{Q}_p)|$$

라고 하자. $p \nmid \Delta$이면 $c_p = 1$이다.

(3)

$$\Omega = \int_{E(\mathbb{R})} \left| \frac{dx}{2y} \right|.$$

버치와 스위너턴-다이어의 두 번째 추측은 다음과 같다.

버치와 스위너턴-다이어 추측 2. *유리수 위에서 정의된 타원곡선 E의 해석적 계수가 r_{an}일 때,*

$$\lim_{s \to 1} \frac{L(E,s)}{(s-1)^{r_{an}}} = \frac{\Omega(\prod_p c_p) R_E}{|E(\mathbb{Q})_{tor}|^2} \cdot |\text{Ш}(E,\mathbb{Q})|$$

이다.

보기 12.2.3. 유리수에서 정의된 타원곡선

$$E : y^2 = x^3 - x$$

에서 $|E(\mathbb{Q})_{tor}| = 4$, $R_E = 1$, $\prod_p c_p = 2$, $|\text{Ш}(E,\mathbb{Q})| = 1$ 그리고 $\Omega = 5.2441151\cdots$이므로

$$\frac{\Omega(\prod_p c_p) R_E}{|E(\mathbb{Q})_{tor}|^2} \cdot |\text{Ш}(E,\mathbb{Q})| \approx 0.6555143 \approx L(E,1)$$

이다.

버치와 스위너턴-다이어의 두 번째 추측 역시 아직 미해결이다.

끝으로 버치와 스위너턴-다이어 추측과 유수 공식(정리 6.2.1)

$$\lim_{s\to 1}(s-1)\zeta_K(s) = \frac{2^{r_1+r_2}\pi^{r_2}R_K}{\omega_K\sqrt{|d_K|}}\cdot h_K$$

를 비교하면 타원곡선과 수체 사이에 다음과 같은 대응 관계를 얻는다.

타원곡선	$\leftrightarrow$	수체
점	$\leftrightarrow$	유닛
꼬임 부분군의 원소	$\leftrightarrow$	1의 거듭제곱근
샤파레비치-테이트군	$\leftrightarrow$	유군

부록

부록에서는 6장 2절 정리 6.2.1의 증명 과정에 필요한 $\mu(\mathcal{D}(1))$을 계산한다.

먼저 다음과 같이

$$\begin{aligned}
\sum_{j=1}^{n} y_j \sigma_i(b_j) &= z_i, && i = 1, \cdots, r_1, \\
\operatorname{Re}\left(\sum_{j=1}^{n} y_j \sigma_i(b_j)\right) &= z_i, && i = r_1+1, \cdots, r_1+r_2, \\
\operatorname{Im}\left(\sum_{j=1}^{n} y_j \sigma_i(b_j)\right) &= z_{i+r_2}, && i = r_1+1, \cdots, r_1+r_2
\end{aligned}$$

로 변수 변환을 하면 야코비 행렬식(Jacobian determinant)의 절댓값은

$$\begin{aligned}
\left|\frac{\partial(y_1, \cdots, y_n)}{\partial(z_1, \cdots, z_n)}\right| &= \frac{2^{r_2}}{|\det(\sigma_i(b_j))|} \\
&= \frac{2^{r_2}}{N(\mathfrak{b})\sqrt{|d_K|}}
\end{aligned}$$

이다. 따라서 $\mathcal{D}_1$을 변수 변환하여 얻은 영역을 $\mathcal{D}_1^{(1)}$이라고 하면

$$\begin{aligned}\mu(\mathcal{D}_1) &= \int_{\mathcal{D}_1} dy_1 \cdots dy_n \\ &= \int_{\mathcal{D}_1^{(1)}} \left| \frac{\partial(y_1, \cdots, y_n)}{\partial(z_1, \cdots, z_n)} \right| dz_1 \cdots dz_n \\ &= \frac{2^{r_2}}{N(\mathfrak{b})\sqrt{|d_K|}} \int_{\mathcal{D}_1^{(1)}} dz_1 \cdots dz_n\end{aligned}$$

이다.

극좌표계를 이용하여 다음과 같이

$$\begin{aligned} z_i &= \rho_i, & i &= 1, \cdots, r_1, \\ z_i &= \rho_i \cos\phi_i, & i &= r_1+1, \cdots, r_1+r_2, \\ z_i &= \rho_i \sin\phi_i, & i &= r_1+1, \cdots, r_1+r_2, \\ (\rho_i &> 0,\ 0 \le \phi_i < 2\pi, & i &= r_1+1, \cdots, r_1+r_2) \end{aligned}$$

로 변수 변환하면 야코비 행렬식의 절댓값은

$$\left| \frac{\partial(z_1, \cdots, z_n)}{\partial(\rho_1, \cdots, \rho_{r_1+r_2}, \phi_{r_1+1}, \cdots, \phi_{r_1+r_2})} \right| = \rho_{r_1+1} \cdots \rho_{r_1+r_2}$$

이다. 따라서 $\mathcal{D}_1^{(1)}$을 변수 변환하여 얻은 영역을 $\mathcal{D}_1^{(2)}$라고 하면

$$\mu(\mathcal{D}_1) = \frac{2^{r_2}}{N(\mathfrak{b})\sqrt{|d_K|}} \int_{\mathcal{D}_1^{(2)}} \rho_{r_1+1} \cdots \rho_{r_1+r_2} d\rho_1 \cdots d\rho_{r_1+r_2} d\phi_{r_1+1} \cdots d\phi_{r_1+r_2}$$

이고 $\mathcal{D}_1^{(2)}$에서 $\rho_1 > 0, \cdots, \rho_{r_1} > 0$인 영역을 $\mathcal{D}_1^{(3)}$라고 하면

$$\mu(\mathcal{D}_1) = \frac{2^{r_1+r_2}}{N(\mathfrak{b})\sqrt{|d_K|}} \int_{\mathcal{D}_1^{(3)}} \rho_{r_1+1} \cdots \rho_{r_1+r_2} d\rho_1 \cdots d\rho_{r_1+r_2} d\phi_{r_1+1} \cdots d\phi_{r_1+r_2}$$

이다.

이제 $l_1 = \cdots = l_{r_1} = 1$, $l_{r_1+1} = \cdots = l_{r_1+r_2} = 2$라고 하고

$$\tau_i = \rho_i^{l_i}, \quad i = 1, \cdots, r_1 + r_2$$

로 변수변환하면 야코비 행렬식의 절댓값은

$$\left|\frac{\partial(\rho_1,\cdots,\rho_{r_1+r_2},\phi_{r_1+1},\cdots,\phi_{r_1+r_2})}{\partial(\tau_1,\cdots,\tau_{r_1+r_2},\phi_{r_1+1},\cdots,\phi_{r_1+r_2})}\right| = \frac{1}{2^{r_2}\rho_{r_1+1}\cdots\rho_{r_1+r_2}}$$

이다. 따라서 $\mathcal{D}_1^{(3)}$을 변수 변환하여 얻은 영역을 $\mathcal{D}_1^{(4)}$라고 하면

$$\mu(\mathcal{D}_1) = \frac{2^{r_1+r_2}\pi^{r_2}}{N(\mathfrak{b})\sqrt{|d_K|}}\int_{\mathcal{D}_1^{(4)}} d\tau_1\cdots d\tau_{r_1+r_2}$$

이다. 이때 $\mathcal{D}_1^{(4)}$은 $\tau_i > 0$ $(i = 1,\cdots r_1+r_2)$, $0 \le \phi_i \le 2\pi$ $(i = r_1+1,\cdots r_1+r_2)$, $0 < \tau_1\cdots\tau_{r_1+r_2} \le N(\mathfrak{b})$ 그리고

$$\log(\tau_i) = \frac{l_i}{n}\log(\tau_1\cdots\tau_{r_1+r_2}) + l_i\sum_{k=1}^{r}\alpha_k\log|\sigma_i(u_k)| \quad (0\le\alpha_k<1)$$

을 만족시키는 $(\tau_1,\cdots,\tau_{r_1+r_2},\phi_{r_1+1},\cdots,\phi_{r_1+r_2})$들로 이루어진 영역이다.

끝으로 α_1, $\cdots$, α_r, $\omega = \tau_1\cdots\tau_{r_1+r_2}$, ϕ_{r_1+1}, $\cdots$, $\phi_{r_1+r_2}$로 변수 변환하면 야코비 행렬식의 절댓값은

$$\left|\frac{\partial(\tau_1,\cdots,\tau_{r_1+r_2},\phi_{r_1+1},\cdots,\phi_{r_1+r_2})}{\partial(\alpha_1,\cdots,\alpha_r,\omega,\phi_{r_1+1},\cdots,\phi_{r_1+r_2})}\right| = R_K$$

이다. 따라서

$$\begin{aligned}\mu(\mathcal{D}_1) &= \frac{2^{r_1+r_2}\pi^{r_2}R_K}{N(\mathfrak{b})\sqrt{|d_K|}}\int_0^{N(\mathfrak{b})}\omega\int_0^1\cdots\int_0^1 d\alpha_1\cdots d\alpha_r \\ &= \frac{2^{r_1+r_2}\pi^{r_2}R_K}{\sqrt{|d_K|}}\end{aligned}$$

이다.

참고문헌

이 책과 같이 읽으면 좋은 책

수체

[Ja] G. J. Janusz. *Algebraic Number Fields*, volume 7 of Graduate Studies in Mathematics, second edition. American Mathematical Socitey, 1996.

[Ri] P. Ribenboim. *Classical Theory of Algebraic Numbers.* Universitext. Springer-Verlarg, 2001.

[Sa] P. Samuel. *Algebraic Theory of Numbers.* Dover, 2008.

타원곡선

[Kn] A. W. Knapp. *Elliptic Curves*, volume 40 of Mathematical Notes. Princeton University Press, 1992.

[Si] J. H. Silverman. *The Arithmetic of Elliptic Curves*, volume of 106 of Graduate Texts in Mathematics, second edition. Springer-Verlag, 2009.

[Wa] L. C. Washington. *Elliptic Curves: Number Theory and Cryptography.* Discrete Mathematics and Its Application, second edition. ChapmanHall/CRC, 2008.

이 책에 인용된 저서 및 논문

[BCDT] C. Breuil, B. Conrad, F. Diamond, and R. Taylor. On the modularity of elliptic curves over **Q**; wild 3-adic exercises. *J. Amer. Math. Soc.*, 14(4):843-939 (electronic), 2001.

[Ba] A. Baker. Linear forms in the logarithms of algebraic numbers. *Mathematika*, 13:204-216, 1966.

[Co] J. Coates. The oldest problem. *ICCM Not.*, 5:8-13, 2017.

[Ga] C. F. Gauss. *Disquisitiones arithmeicae.* Springer-Verlarg, 1986 (originally published in 1801).

[Go] D. Goldfeld. The class number of quadratic fields and the conjectures of Birch and Swinnerton-Dyer. *Ann. Scuola Norm. Sup. Pisa*, 3:623-663, 1976.

[GZ] B. H. Gross and D. Zagier. Heegner points and derivatives of L-series. *Invent. Math.*, 84(2):225-320, 1986.

[He] H. Heilbronn. On the class number in imaginary quadratic fields. *Quart. J. Math. Oxford Ser.*, 5:150-160, 1934.

[Ko] N. Kobliz. *Introduction to elliptic curves and modular forms*, volume 97 of Graduate Texts in Mathematics, second edition. Springer-Verlag, 1993.

[Kol] V. Kolyvagin. Finiteness of $E(\mathbb{Q})$ and $Ш(E,\mathbb{Q})$ for a subclass of Weil curves. *Izv. Akad. Nauk SSSR Ser. Mat.*, 52(3):522-540, 670-671, 1988.

[Ma] B. Mazur. Rational isogenies of prime degree(with an appendix by D. Goldfeld). *Invent. Math.*, 44(2):129-162,1978.

[Si] C. L. Siegel. Über die classenzahl quadratischer zahlkörper. *Acta. Arith.*, 1:83-86, 1935.

[Si] J. H. Silverman. *The arithmetic of elliptic curves*, volume of 106 of Graduate Texts in Mathematics, second edition. Springer-Verlag, 2009.

[St] H. M. Stark. A complete determination of the complex quadratic fields of class number one. *Michigan Math. Journal*, 14:1-27, 1967.

[TW] R. Taylor and A. Wiles. Ring-theoretic properties of certain Hecke algebras. *Ann. of Math.* (2), 141(3):553-572, 1995.

[Wi] A. Wiles. Modular elliptic curves and Fermat's last theorem. *Ann. of Math.* (2), 141(3):443-551, 1995.

찾아보기